MBA MPA MPAcc MEM
管理类联考

数学 历年真题全解

题型分类版

杨晶　张聪聪——主编

习题分册

北京理工大学出版社
BEIJING INSTITUTE OF TECHNOLOGY PRESS

版权专有　侵权必究

图书在版编目(CIP)数据

MBA MPA MPAcc MEM 管理类联考数学历年真题全解:题型分类版. 习题分册/杨晶，张聪聪主编. — 北京:北京理工大学出版社，2021.5

ISBN 978－7－5682－9800－1

Ⅰ.①M…　Ⅱ.①杨…　②张…　Ⅲ.①高等数学－研究生－入学考试－习题集　Ⅳ.①O13－44

中国版本图书馆 CIP 数据核字(2021)第 078970 号

出版发行 /	北京理工大学出版社有限责任公司
社　　址 /	北京市海淀区中关村南大街 5 号
邮　　编 /	100081
电　　话 /	(010)68914775(总编室)
	(010)82562903(教材售后服务热线)
	(010)68948351(其他图书服务热线)
网　　址 /	http://www.bitpress.com.cn
经　　销 /	全国各地新华书店
印　　刷 /	天津市新科印刷有限公司
开　　本 /	787 毫米×1092 毫米　1/16
印　　张 /	9.5
字　　数 /	237 千字
版　　次 /	2021 年 5 月第 1 版　2021 年 5 月第 1 次印刷
定　　价 /	99.80 元(共两册)

责任编辑 / 多海鹏
文案编辑 / 多海鹏
责任校对 / 周瑞红
责任印制 / 李志强

图书出现印装质量问题,请拨打售后服务热线,本社负责调换

前 言

自1997年以来,管理类联考已经进行二十多载,管理类联考数学试题逐步趋于标准化、成熟化,纵观历年真题,探索其考试规律,发现把握各个题型的真题考试方向显得尤为重要。

本书以最新《全国硕士研究生招生考试管理类专业学位联考综合能力考试大纲》(以下简称《考试大纲》)为依据,以笔者多年管理类联考数学辅导过程中潜心研究和精心编写的《MBA MPA MPAcc MEM 管理类联考数学45讲》为基础,结合历年真题编写而成。本书是管理类联考数学复习过程中全面、实用、不可或缺的备考真题工具书。

(一)本书基本框架

本书分为习题分册和解析分册。其中,习题分册所有题目匹配《MBA MPA MPAcc MEM 管理类联考数学45讲》中的知识框架,按照部分、章、专题、题型进行归纳整理。在每章设置【真题统计】和【真题分析】,将各考点考频进行归纳总结;在每章设置【本章思维导图】,并在专题中对题型特征和解题思路做了详细阐述。解析分册匹配习题分册,对每道真题进行详尽解析,并对部分题目设置【敲黑板】,进行技巧性解法点睛。

(二)本书特色

1. 管理类联考数学真题——完整收录

本书收集了1997—2021年所有符合最新《考试大纲》的管理类联考数学试题,共计18套在职考试真题和25套联考真题。之所以全部收录主要有以下两个考虑:①近年来,大部分考题都是以前考题的变形题,因此全面、熟练地掌握《考试大纲》规定的所有历年真题的常规解法和技巧解法,对有效应对新一年的考试题目,其作用不言自明;②早年真题时间较早,不易收集,市面上大多数为不完整的历年真题书籍。

2. 细致的题型分类——科学实用、应试必备

本书按照知识点和题型做了精心的分类汇编。多年的考生成绩表明,按照这种汇编方式进行复习和备考,对明确复习要点、养成思维惯性、提高考试成绩效果显著,因此本书具有科学性和实用性,是考生应试必备的工具书。

3. 解析详尽,技巧匹配

本书不仅对每道题给出详尽解析,还针对有多种解法和简便解法的题目,添加【敲黑板】模块,这些内容是题目的精华所在,可有效帮助考生将题目提炼升华。

(三)图书体系

阶段	主要掌握	配套图书	备考时间
基础	考点	《MBA MPA MPAcc MEM 管理类联考数学 45 讲》考点部分	2~3 个月
强化	题型	《MBA MPA MPAcc MEM 管理类联考数学 45 讲》题型部分	约 2 个月
真题	分类化真题	《MBA MPA MPAcc MEM 管理类联考数学历年真题全解(题型分类版)》	约 1 个月

  古今之成大事业、大学问者,必经过三种境界:"昨夜西风凋碧树。独上高楼,望尽天涯路。"此第一境也。"衣带渐宽终不悔,为伊消得人憔悴。"此第二境也。"众里寻他千百度,蓦然回首,那人却在,灯火阑珊处。"此第三境也。

  这三个境界是每位考研人必经之路,愿本系列书籍能作为每位考生"漫漫天涯路"上转境之帆,一路护送考生至"灯火阑珊处"。

  写成此书,首先,感谢我的合作伙伴杨晶/张聪聪老师;其次,感谢工作中同仁们的辛勤付出与努力;最后,感谢我们的历届学员,正是你们的鼓励和支持,给我们源源不断的创作动力。

  由于编者水平与写作时间有限,书中存在错误和不妥之处在所难免,恳请读者批评指正。

目　录

第一部分　算术

第一章　实数、绝对值、比和比例 ······(1)
- 专题一　实数 ······(2)
- 专题二　绝对值 ······(5)
- 专题三　比和比例 ······(8)

第二章　应用题 ······(9)
- 专题一　商品问题 ······(12)
- 专题二　比例问题 ······(17)
- 专题三　路程问题 ······(22)
- 专题四　工程问题 ······(29)
- 专题五　杠杆问题 ······(33)
- 专题六　浓度问题 ······(35)
- 专题七　集合问题 ······(37)
- 专题八　不定方程问题 ······(39)
- 专题九　线性规划问题 ······(40)
- 专题十　至多、至少问题 ······(42)
- 专题十一　分段计费问题 ······(43)
- 专题十二　植树问题 ······(44)
- 专题十三　年龄问题 ······(45)
- 专题十四　求最值问题 ······(45)

第二部分　代数

第三章　整式、分式与函数 ······(47)
- 专题一　基本公式的应用 ······(48)
- 专题二　整式的因式与因式分解 ······(50)
- 专题三　函数 ······(53)

第四章　方程及不等式 ··· (56)
　　专题一　方程 ·· (58)
　　专题二　其他方程 ·· (63)
　　专题三　基本不等式 ·· (66)

第五章　数列 ··· (74)
　　专题一　数列的基本概念 ·· (75)
　　专题二　等差数列 ·· (76)
　　专题三　等比数列 ·· (79)

第三部分　几何

第六章　平面几何 ··· (85)
　　专题一　三角形 ·· (86)
　　专题二　三角形求面积 ·· (90)
　　专题三　四边形 ·· (93)
　　专题四　圆和扇形 ·· (97)

第七章　解析几何 ··· (100)
　　专题一　点与直线问题 ··· (101)
　　专题二　圆 ··· (105)
　　专题三　圆与直线 ··· (106)
　　专题四　对称问题 ··· (110)
　　专题五　求最值问题 ··· (111)

第八章　立体几何 ··· (113)
　　专题一　基本几何体 ··· (114)
　　专题二　球与长方体、正方体、圆柱体的关系 ······································· (117)

第四部分　数据分析

第九章　排列组合 ··· (119)
　　专题一　加法原理和乘法原理 ··· (120)
　　专题二　组合、阶乘及排列的定义及公式 ··· (121)

第十章　概率 ··· (129)
　　专题一　古典概型 ··· (130)
　　专题二　相互独立事件与伯努利概型 ··· (137)

第十一章　数据描述 ··· (143)
　　专题一　平均值 ··· (143)
　　专题二　方差和标准差 ··· (145)

第一部分 算 术

第一章 实数、绝对值、比和比例

真题统计

专题	题型	问题求解题	条件充分性判断题	总计
实数	奇数、偶数的性质		2	17
	质数、合数的性质	4	1	
	整除及带余除法		2	
	有理数、无理数	1	1	
	实数运算	5	1	
绝对值	分段法去绝对值	4	8	25
	绝对值的几何意义		2	
	绝对值的非负性	4	1	
	绝对值的自比性		1	
	三角不等式的应用	2	3	
比和比例	一般比例式计算问题	3		3

真题分析

整数、分数、小数、百分数不是常考点；比和比例一般以应用题形式出现，是必考点；数轴与绝对值是考试的热点.本章在历年考题中通常考查1~2道题目.

该表格按照专题(3个)、考试题型(11种)、考试形式(问题求解和条件充分性判断)统计了1月联考和10月在职考试真题.本章以相同题型为前提，以年份为顺序进行统计，共包含问题求解题23道，条件充分性判断题22道，总计45道题.要求考生利用好每一道真题，掌握基本概念、基本题型和基本方法，透过真题厘清命题思路，把握考试方向.

高频题型：绝对值的定义，绝对值的性质等.

低频题型：实数运算，质数，合数，绝对值三角不等式等.

本章思维导图

实数、绝对值、比和比例
- 实数
  - 题型一：奇数、偶数的性质
  - 题型二：质数、合数的性质
  - 题型三：整除及带余除法
  - 题型四：有理数、无理数
  - 题型五：实数运算
- 绝对值
  - 题型一：分段法去绝对值
  - 题型二：绝对值的几何意义
  - 题型三：绝对值的非负性
  - 题型四：绝对值的自比性
  - 题型五：三角不等式的应用
- 比和比例——题型：一般比例式计算问题

专题一　实　数

题型框架

实数
- 题型一：奇数、偶数的性质
- 题型二：质数、合数的性质
- 题型三：整除及带余除法
- 题型四：有理数、无理数
- 题型五：实数运算

真题归类

❋ 题型一：奇数、偶数的性质

【点拨】通过奇偶数的运算性质判断整数的奇偶性.
(1) 若两个整数相加(减)为奇数，则这两个整数必为一奇一偶；
(2) 若两个整数相加(减)为偶数，则这两个整数必同奇或同偶；
(3) 若两个整数相乘为奇数，则这两个整数均为奇数；
(4) 若两个整数相乘为偶数，则这两个整数中至少有一个为偶数.

1. (2012-1) 已知 m,n 是正整数,则 m 是偶数.

   (1) $3m+2n$ 是偶数.   (2) $3m^2+2n^2$ 是偶数.

2. (2013-10) m^2n^2-1 能被 2 整除.

   (1) m 是奇数.   (2) n 是奇数.

✳ 题型二：质数、合数的性质

> 【点拨】考题主要围绕 20 以内的 8 个质数(2,3,5,7,11,13,17,19)和算术基本定理进行考查.熟记常见的质数和 2 的特殊性质,注意,奇偶性和质数同时出现时通常想到 2.

3. (2011-1) 设 a,b,c 是小于 12 的三个不同的质数(素数),且 $|a-b|+|b-c|+|c-a|=8$,则 $a+b+c=(\quad)$.

   A. 10   B. 12   C. 14   D. 15   E. 19

4. (2013-1) $p=mq+1$ 为质数.

   (1) m 为正整数,q 为质数.   (2) m,q 均为质数.

5. (2014-1) 若几个质数(素数)的乘积为 770,则它们的和为( ).

   A. 85   B. 84   C. 28   D. 26   E. 25

6. (2015-1) 设 m,n 是小于 20 的质数,则满足条件 $|m-n|=2$ 的 $\{m,n\}$ 共有( ).

   A. 2 组   B. 3 组   C. 4 组   D. 5 组   E. 6 组

7. (2021-1) 设 p,q 是小于 10 的质数,则满足条件 $1<\dfrac{q}{p}<2$ 的 p,q 有( )组.

   A. 2   B. 3   C. 4   D. 5   E. 6

✳ 题型三：整除及带余除法

> 【点拨】理解整除和带余除法的概念,掌握常见的整数整除的特征.

8. (2008-10) $\dfrac{n}{14}$ 是一个整数.

   (1) n 是一个整数,且 $\dfrac{3n}{14}$ 也是一个整数.

   (2) n 是一个整数,且 $\dfrac{n}{7}$ 也是一个整数.

9. (2019-1) 设 n 为正整数,则能确定 n 除以 5 的余数.

   (1) 已知 n 除以 2 的余数.

   (2) 已知 n 除以 3 的余数.

✳ 题型四：有理数、无理数

> 【点拨】理解有理数和无理数的定义,会辨别常见的有理数和无理数,掌握运算性质.

10. (2007-10) m 是一个整数.

(1) 若 $m=\dfrac{p}{q}$, 其中 p 与 q 为非零整数, 且 m^2 是一个整数.

(2) 若 $m=\dfrac{p}{q}$, 其中 p 与 q 为非零整数, 且 $\dfrac{2m+4}{3}$ 是一个整数.

11. (2009-10) 若 x, y 是有理数, 且满足 $(1+2\sqrt{3})x+(1-\sqrt{3})y-2+5\sqrt{3}=0$, 则 x, y 的值分别为 (   ).

A. 1, 3　　　　B. $-1, 2$　　　　C. $-1, 3$　　　　D. 1, 2　　　　E. 以上结论都不正确

✱ 题型五：实数运算

【点拨】 掌握基本实数运算规律和常见的裂项相消公式.

12. (2000-10) $\dfrac{1}{1\times 2}+\dfrac{1}{2\times 3}+\dfrac{1}{3\times 4}+\cdots+\dfrac{1}{99\times 100}=$ (   ).

A. $\dfrac{99}{100}$　　　　B. $\dfrac{100}{101}$　　　　C. $\dfrac{99}{101}$　　　　D. $\dfrac{97}{100}$

13. (2008-10) 以下命题中正确的是 (   ).

A. 两个数的和为正数, 则这两个数都是正数

B. 两个数的差为负数, 则这两个数都是负数

C. 两个数中较大的一个其绝对值也较大

D. 加上一个负数, 等于减去这个数的绝对值

E. 一个数的 2 倍大于这个数本身

14. (2008-10) 一个大于 1 的自然数的算术平方根为 a, 则与该自然数左右相邻的两个自然数的算术平方根分别为 (   ).

A. $\sqrt{a}-1, \sqrt{a}+1$　　　　B. $a-1, a+1$　　　　C. $\sqrt{a-1}, \sqrt{a+1}$

D. $\sqrt{a^2-1}, \sqrt{a^2+1}$　　　　E. a^2-1, a^2+1

15. (2009-10) 设 a 与 b 之和的倒数的 2 007 次方等于 1, a 的相反数与 b 之和的倒数的 2 009 次方也等于 1, 则 $a^{2\,007}+b^{2\,009}=$ (   ).

A. -1　　　　B. 2　　　　C. 1　　　　D. 0　　　　E. $2^{2\,007}$

16. (2019-1) 能确定小明的年龄.

(1) 小明的年龄是完全平方数.

(2) 20 年后小明的年龄是完全平方数.

17. (2021-1) $\dfrac{1}{1+\sqrt{2}}+\dfrac{1}{\sqrt{2}+\sqrt{3}}+\cdots+\dfrac{1}{\sqrt{99}+\sqrt{100}}=$ (   ).

A. 9　　　　B. 10　　　　C. 11　　　　D. $3\sqrt{11}-1$　　　　E. $3\sqrt{1}$

专题二　绝对值

题型框架

绝对值
- 题型一：分段法去绝对值
- 题型二：绝对值的几何意义
- 题型三：绝对值的非负性
- 题型四：绝对值的自比性
- 题型五：三角不等式的应用

真题归类

题型一：分段法去绝对值

【点拨】 正数的绝对值是它本身，负数的绝对值是它的相反数，0的绝对值还是0，即

$$|a|=\begin{cases}a, & a\geqslant 0,\\ -a, & a<0.\end{cases}$$

该题型主要考查利用绝对值的定义"去绝对值符号"，方法是判断绝对值内整体的正负号.

1. (2001-10) 已知 $\sqrt{x^3+2x^2}=-x\sqrt{2+x}$，则 x 的取值范围是 (　　).

   A. $x<0$　　B. $x\geqslant -2$　　C. $-2\leqslant x\leqslant 0$　　D. $-2<x<0$

2. (2002-10) 已知 $t^2-3t-18\leqslant 0$，则 $|t+4|+|t-6|=$ (　　).

   A. $2t-2$　　B. 10　　C. 3　　D. $2t+2$

3. (2003-10) 已知 $\left|\dfrac{5x-3}{2x+5}\right|=\dfrac{3-5x}{2x+5}$，则实数 x 的取值范围是 (　　).

   A. $x<-\dfrac{5}{2}$ 或 $x\geqslant \dfrac{3}{5}$　　B. $-\dfrac{5}{2}\leqslant x\leqslant \dfrac{3}{5}$

   C. $-\dfrac{5}{2}<x\leqslant \dfrac{3}{5}$　　D. $-\dfrac{3}{5}\leqslant x<\dfrac{5}{2}$

   E. 以上结论均不正确

4. (2003-10) 可以确定 $\dfrac{|x+y|}{x-y}=2$.

   (1) $\dfrac{x}{y}=3$.　　(2) $\dfrac{x}{y}=\dfrac{1}{3}$.

5. (2004-10) $\sqrt{a^2b}=-a\sqrt{b}$.

   (1) $a>0, b<0$.　　(2) $a<0, b>0$.

6. (2005-1) 实数 a,b 满足 $|a|(a+b)>a|a+b|$.
(1) $a<0$. (2) $b>-a$.

7. (2007-10) $a<-1<1-a$.
(1) a 为实数,$a+1<0$. (2) a 为实数,$|a|<1$.

8. (2008-10) 设 a,b,c 为整数,且 $|a-b|^{20}+|c-a|^{41}=1$,则 $|a-b|+|a-c|+|b-c|=(\quad)$.
A. 2 B. 3 C. 4 D. -3 E. -2

9. (2008-10) $-1<x\leqslant\dfrac{1}{3}$.
(1) $\left|\dfrac{2x-1}{x^2+1}\right|=\dfrac{1-2x}{1+x^2}$. (2) $\left|\dfrac{2x-1}{3}\right|=\dfrac{2x-1}{3}$.

10. (2008-10) $|1-x|-\sqrt{x^2-8x+16}=2x-5$.
(1) $2<x$. (2) $x<3$.

11. (2010-1) $a|a-b|\geqslant a(a-b)$.
(1) 实数 $a>0$. (2) 实数 a,b 满足 $a>b$.

12. (2011-10) 已知 $g(x)=\begin{cases}1,&x>0,\\-1,&x<0,\end{cases}$ $f(x)=|x-1|-g(x)|x+1|+|x-2|+|x+2|$,则 $f(x)$ 是与 x 无关的常数.
(1) $-1<x<0$. (2) $1<x<2$.

★ 题型二:绝对值的几何意义

【点拨】实数 a 的绝对值 $|a|$ 的几何意义是数轴上 a 对应的点 A 到原点 O 的距离,即 $|a|=|AO|$. 利用绝对值的几何意义解题时,建议结合数轴,画图分析.

13. (2006-10) $|b-a|+|c-b|-|c|=a$.
(1) 实数 a,b,c 在数轴上的位置为

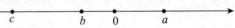

(2) 实数 a,b,c 在数轴上的位置为

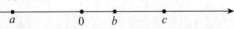

14. (2017-1) 已知 a,b,c 为三个实数,则 $\min\{|a-b|,|b-c|,|a-c|\}\leqslant 5$.
(1) $|a|\leqslant 5,|b|\leqslant 5,|c|\leqslant 5$.
(2) $a+b+c=15$.

★ 题型三:绝对值的非负性

【点拨】依据"若非负量之和为零,则每个非负量均为零",列出关于未知量的方程求解,如 $|a|+b^2+\sqrt{c}=0$,则 $a=b=c=0$.

15. (1997-1)若$\sqrt{(a-60)^2}+|b+90|+(c-130)^{10}=0$,则$a+b+c$的值是( ).

A. 0　　　B. 280　　　C. 100　　　D. -100　　　E. 无法确定

16. (2008-10)$|3x+2|+2x^2-12xy+18y^2=0$,则$2y-3x=$( ).

A. $-\dfrac{14}{9}$　　B. $-\dfrac{2}{9}$　　C. 0　　D. $\dfrac{2}{9}$　　E. $\dfrac{14}{9}$

17. (2009-1)已知实数a,b,x,y满足$y+|\sqrt{x}-\sqrt{2}|=1-a^2$和$|x-2|=y-1-b^2$,则$3^{x+y}+3^{a+b}=$( ).

A. 25　　　B. 26　　　C. 27　　　D. 28　　　E. 29

18. (2009-10)$2^{x+y}+2^{a+b}=17$.

(1)a,b,x,y满足$y+|\sqrt{x}-\sqrt{3}|=1-a^2+\sqrt{3}b$.

(2)a,b,x,y满足$|x-3|+\sqrt{3}b=y-1-b^2$.

19. (2011-1)若实数a,b,c满足$|a-3|+\sqrt{3b+5}+(5c-4)^2=0$,则$abc=$( ).

A. -4　　B. $-\dfrac{5}{3}$　　C. $-\dfrac{4}{3}$　　D. $\dfrac{4}{5}$　　E. 3

※题型四:绝对值的自比性

【点拨】根据公式$\dfrac{|x|}{x}=\dfrac{x}{|x|}=\begin{cases}1,&x>0,\\-1,&x<0\end{cases}$进行求解分析.

20. (2008-1)$\dfrac{b+c}{|a|}+\dfrac{c+a}{|b|}+\dfrac{a+b}{|c|}=1$.

(1)实数a,b,c满足$a+b+c=0$.

(2)实数a,b,c满足$abc>0$.

※题型五:三角不等式的应用

【点拨】
$$|a|-|b|\leqslant|a+b|\leqslant|a|+|b|.$$
左边等号成立的条件:$ab\leqslant0$且$|a|\geqslant|b|$;右边等号成立的条件:$ab\geqslant0$.
$$|a|-|b|\leqslant|a-b|\leqslant|a|+|b|.$$
左边等号成立的条件:$ab\geqslant0$且$|a|\geqslant|b|$;右边等号成立的条件:$ab\leqslant0$.

21. (2001-1)已知$|a|=5,|b|=7,ab<0$,则$|a-b|=$( ).

A. 2　　　B. -2　　　C. 12　　　D. -12

22. (2004-1)x,y是实数,$|x|+|y|=|x-y|$.

(1)$x>0,y<0$.　　　　　(2)$x<0,y>0$.

23. (2013-1)已知a,b是实数,则$|a|\leqslant1,|b|\leqslant1$.

(1)$|a+b|\leqslant1$.　　　　(2)$|a-b|\leqslant1$.

24. (2019-1) 设实数 a,b 满足 $ab=6$, $|a+b|+|a-b|=6$, 则 $a^2+b^2=$ (   ).

A. 10　　　　B. 11　　　　C. 12　　　　D. 13　　　　E. 14

25. (2021-1) 设 a,b 为实数, 则能确定 $|a|+|b|$ 的值.

(1) 已知 $|a+b|$ 的值.

(2) 已知 $|a-b|$ 的值.

专题三　比和比例

题型框架
比和比例—题型:一般比例式计算问题

真题归类

★ 题型: 一般比例式计算问题

【点拨】(1) 考试中常见的比例相关定理:

等式定理: $a:b=c:d \Rightarrow ad=bc$.

等比定理: $\dfrac{a}{b}=\dfrac{c}{d}=\dfrac{e}{f}=\dfrac{a+c+e}{b+d+f}(b+d+f\neq 0)$.

(2) 常见的连比问题结论.

① $x:y:z=\dfrac{1}{a}:\dfrac{1}{b}:\dfrac{1}{c} \Rightarrow x:y:z=bc:ac:ab$.

② $\dfrac{1}{x}:\dfrac{1}{y}:\dfrac{1}{z}=a:b:c \Rightarrow x:y:z=\dfrac{1}{a}:\dfrac{1}{b}:\dfrac{1}{c}$.

(3) $x:y=a:b$, $y:z=c:d$, 将公共量 y 取为 b,c 的最小公倍数, 将前后比例统一.

1. (2002-1) 设 $\dfrac{1}{x}:\dfrac{1}{y}:\dfrac{1}{z}=4:5:6$, 则使 $x+y+z=74$ 成立的 y 值是 (   ).

A. 24　　　　B. 36　　　　C. $\dfrac{74}{3}$　　　　D. $\dfrac{37}{2}$

2. (2002-10) 若 $\dfrac{a+b-c}{c}=\dfrac{a-b+c}{b}=\dfrac{-a+b+c}{a}=k$, 则 k 的值为 (   ).

A. 1　　　　B. 1 或 -2　　　　C. -1 或 2　　　　D. -2

3. (2015-1) 若实数 a,b,c 满足 $a:b:c=1:2:5$, 且 $a+b+c=24$, 则 $a^2+b^2+c^2=$ (   ).

A. 30　　　　B. 90　　　　C. 120　　　　D. 240　　　　E. 270

第二章 应用题

 真题统计

专题	题型	问题求解题	条件充分性判断题	总计
商品问题	商品变化率问题	7	1	38
	售价、进价、利润率问题	12	4	
	增减并存问题		1	
	恢复原价问题	2		
	连续增长或下降问题	7	4	
比例问题	已知总量,求部分量问题	3	1	43
	已知部分量,求总量问题	6	2	
	不变量的比例问题	8		
	百分比计算问题	9	4	
	比例的基本计算问题	8	2	
路程问题	相对运动问题	7		37
	直线型相遇与追及路程问题	5	1	
	圆圈型路程问题	2	1	
	变速度与变效率问题	6	1	
	时间一定,路程和速度成正比问题	2		
	顺水与逆水问题	3		
	路程基本概念的计算问题	7	1	
	两人多次折返相遇问题	1		
工程问题	工程基本概念求解问题	8	3	24
	时间一定,总量与效率成正比问题	2		
	两个人的工程问题	4		
	求工时费问题	3		
	效率增长率问题	2		
	轮流工作的工程问题	1	1	
杠杆问题	求人数或数量问题	5		16
	求变量成绩或平均成绩问题	4	4	
	百分比混合问题	1		
	倒扣问题	1		

续表

专题	题型	问题求解题	条件充分性判断题	总计
浓度问题	两种浓度混合问题	3	1	9
	浓度变化问题	2		
	几个杯子互相倒问题	1		
	等量置换问题	2		
集合问题	两个集合问题	4	1	10
	三个集合问题	5		
不定方程问题	不定方程的解是整数的问题	4	3	10
	不定方程的解落在区间范围的整数问题		3	
线性规划问题	交点为整数点的问题	2		6
	交点为非整数点的问题	3	1	
至多、至少问题	总体固定的情况下，求个体的至多、至少问题	1	3	5
	求整体的至多、至少问题		1	
分段计费问题	文字型分段计费问题	3		4
	图表型分段计费问题	1		
植树问题	直线型和圆圈型（封闭型）相结合的植树问题	1		1
年龄问题	求年龄		1	1
求最值问题	利用均值定理求最值	3		7
	利用二次函数求最值	4		

真题分析

应用题是管理类联考数学中一个重难点，虽然考纲中没有明确给出应用题，但实际上各个知识点都可以应用，在考试中占据很大的比重，通常6～7道题，考题数量较多，占比近四分之一．

该表格按照专题(14个)、考试题型(46种)、考试形式(问题求解和条件充分性判断)统计了1月联考和10月在职考试真题．本章以相同题型为前提，以年份为顺序进行统计，共包含问题求解题165道，条件充分性判断题46道，总计211道题．要求考生利用好每一道真题，掌握基本概念、基本题型和基本方法，透过真题厘清命题思路，把握考试方向．

高频题型：商品问题，比例问题，路程问题，工程问题，浓度问题，集合问题等．

低频题型：植树问题，年龄问题，杠杆问题等．

拔高题型：至多、至少问题，不定方程问题，求最值问题等．

本章思维导图

应用题
- 商品问题
  - 题型一：商品变化率问题
  - 题型二：售价、进价、利润率问题
  - 题型三：增减并存问题
  - 题型四：恢复原价问题
  - 题型五：连续增长或下降问题
- 比例问题
  - 题型一：已知总量，求部分量问题
  - 题型二：已知部分量，求总量问题
  - 题型三：不变量的比例问题
  - 题型四：百分比计算问题
  - 题型五：比例的基本计算问题
- 路程问题
  - 题型一：相对运动问题
  - 题型二：直线型相遇与追及路程问题
  - 题型三：圆圈型路程问题
  - 题型四：变速度与变效率问题
  - 题型五：时间一定，路程和速度成正比问题
  - 题型六：顺水与逆水问题
  - 题型七：路程基本概念的计算问题
  - 题型八：两人多次折返相遇问题
- 工程问题
  - 题型一：工程基本概念求解问题
  - 题型二：时间一定，总量与效率成正比问题
  - 题型三：两个人的工程问题
  - 题型四：求工时费问题
  - 题型五：效率增长率问题
  - 题型六：轮流工作的工程问题
- 杠杆问题
  - 题型一：求人数或数量问题
  - 题型二：求变量成绩或平均成绩问题
  - 题型三：百分比混合问题
  - 题型四：倒扣问题
- 浓度问题
  - 题型一：两种浓度混合问题
  - 题型二：浓度变化问题
  - 题型三：几个杯子互相倒问题
  - 题型四：等量置换问题
- 集合问题
  - 题型一：两个集合问题
  - 题型二：三个集合问题
- 不定方程问题
  - 题型一：不定方程的解是整数的问题
  - 题型二：不定方程的解落在区间范围的整数问题
- 线性规划问题
  - 题型一：交点为整数点的问题
  - 题型二：交点为非整数点的问题
- 至多、至少问题
  - 题型一：总体固定的情况下，求个体的至多、至少问题
  - 题型二：求整体的至多、至少问题
- 分段计费问题
  - 题型一：文字型分段计费问题
  - 题型二：图表型分段计费问题
- 植树问题—题型：直线型和圆圈型（封闭型）相结合的植树问题
- 年龄问题—题型：求年龄
- 求最值问题
  - 题型一：利用均值定理求最值
  - 题型二：利用二次函数求最值

专题一　商品问题

题型框架

商品问题
- 题型一：商品变化率问题
- 题型二：售价、进价、利润率问题
- 题型三：增减并存问题
- 题型四：恢复原价问题
- 题型五：连续增长或下降问题

真题归类

✻ 题型一：商品变化率问题

【点拨】
$$\begin{cases} 增长率 = \dfrac{增长值}{原来} = \dfrac{现在-原来}{原来} = \dfrac{现在}{原来} - 1, \\ 下降率 = \dfrac{下降值}{原来} = \dfrac{原来-现在}{原来} = 1 - \dfrac{现在}{原来}. \end{cases}$$

1. (1997-10)某商品打九折会使销售增加 20%，则这一折扣会使销售额增加的百分比是（　　）．

    A. 18%　　　B. 10%　　　C. 8%　　　D. 5%　　　E. 2%

2. (1998-10)商店本月的计划销售额为 20 万元，由于开展了促销活动，上半月完成了计划的 60%，若全月要超额完成计划的 25%，则下半月应完成销售额（　　）．

    A. 12 万元　　B. 13 万元　　C. 14 万元　　D. 15 万元　　E. 16 万元

3. (2001-10)商店某种服装换季降价，原来可买 8 件的钱现在可以买 13 件，问这种服装价格下降的百分比是（　　）．

    A. 36.5%　　B. 38.5%　　C. 40%　　D. 42%

4. (2003-10)某城区 2001 年绿地面积较上年增加了 20%，人口却负增长，结果人均绿地面积比上年增长了 21%．

    (1) 2001 年人口较上年下降了 8.26‰．

    (2) 2001 年人口较上年下降了 1‰．

5. (2004-1)某工厂生产某种新型产品，一月份每件产品销售获得的利润是出厂价的 25%（假设利润等于出厂价减去成本），二月份每件产品出厂价降低 10%，成本不变，销售件数比一月份增加 80%，则销售利润比一月份的销售利润增长（　　）．

    A. 6%　　B. 8%　　C. 15.5%　　D. 25.5%　　E. 以上结论均不正确

6. (2011-1)2007 年，某市的全年研究与试验发展（R&D）经费支出 300 亿元，比 2006 年增长 20%，该市的 GDP 为 10 000 亿元，比 2006 年增长 10%．2006 年，该市的 R&D 经费支出占当年

GDP的( ).

    A. 1.75%   B. 2%   C. 2.5%   D. 2.75%   E. 3%

7. (2012-10)第一季度甲公司的产值比乙公司的产值低20%. 第二季度甲公司的产值比第一季度增长了20%, 乙公司的产值比第一季度增长了10%. 第二季度甲、乙两公司的产值之比是( ).

    A. 96∶115   B. 92∶115   C. 48∶55   D. 24∶25   E. 10∶11

8. (2014-10)高速公路假期免费政策带动了京郊旅游的增长. 据悉, 2014年春节7天假期, 北京市乡村民俗旅游接待游客约697 000人次, 比去年同期增长14%, 则去年大约接待游客人次为( ).

    A. $6.97\times10^5\times0.14$ B. $6.97\times10^5-6.97\times10^5\times0.14$ C. $\dfrac{6.97\times10^5}{0.14}$

    D. $\dfrac{6.97\times10^7}{0.14}$ E. $\dfrac{6.97\times10^7}{114}$

✱题型二：售价、进价、利润率问题

> 【点拨】(1) 利润＝售价－进价；
>
> (2) 售价＝进价×(1＋利润率)；
>
> (3) 进价＝$\dfrac{售价}{1+利润率}$.

9. (1997-1)某投资者以2万元购买甲、乙两种股票, 甲股票的价格为8元/股, 乙股票的价格为4元/股, 它们的投资额之比是4∶1. 在甲、乙股票价格分别为10元/股和3元/股时, 该投资者全部抛出这两种股票, 他共获利( ).

    A. 3 000元   B. 3 889元   C. 4 000元   D. 5 000元   E. 2 300元

10. (1998-10)一笔钱购买A型彩色电视机, 若买5台余2 500元, 若买6台则缺4 000元, 今将这笔钱用于购买B型彩色电视机, 正好可购7台, 则B型彩色电视机每台的售价是( ).

    A. 4 000元   B. 4 500元   C. 5 000元   D. 5 500元   E. 6 000元

11. (1999-10)某商店将每套服装按原价提高50%后再做7折"优惠"的广告宣传, 这样每售出一套服装可获利625元. 已知每套服装的成本是2 000元, 该店按"优惠价"售出一套服装比按原价( ).

    A. 多赚100元   B. 少赚100元   C. 多赚125元

    D. 少赚125元   E. 多赚155元

12. (2001-1)一商店把某商品按标价的九折出售, 仍可获利20%, 若该商品的进价为每件21元, 则该商品每件的标价为( ).

    A. 26元   B. 28元   C. 30元   D. 32元

13. (2002-10)商店出售两套礼盒, 均以210元售出, 按进价计算, 其中一套盈利25%, 而另一套亏损25%, 结果商店( ).

A. 不赔不赚　　　　　　　　　　　　B. 赚了 24 元

C. 亏了 28 元　　　　　　　　　　　　D. 亏了 24 元

14. (2002-10) 甲花费 5 万元购买了股票,随后他将这些股票转卖给乙,获利 10%,不久乙又将这些股票返卖给甲,但乙损失了 10%,最后甲按乙卖给他的价格的 9 折把这些股票卖掉了,不计交易费,甲在上述股票交易中(　　).

A. 不盈不亏　　　　　　　　　　　　B. 盈利 50 元

C. 盈利 100 元　　　　　　　　　　　D. 亏损 50 元

15. (2006-1) 某电子产品一月份按原定价的 80% 出售,能获利 20%;二月份由于进价降低,按同样原定价的 75% 出售,却能获利 25%.那么二月份进价是一月份进价的百分之(　　).

A. 92　　　　B. 90　　　　C. 85　　　　D. 80　　　　E. 75

16. (2007-10) 1 千克鸡肉的价格高于 1 千克牛肉的价格.

(1) 一家超市出售袋装鸡肉与袋装牛肉,一袋鸡肉的价格比一袋牛肉的价格高 30%.

(2) 一家超市出售袋装鸡肉与袋装牛肉,一袋鸡肉比一袋牛肉重 25%.

17. (2008-1) 将价值 200 元的甲原料与价值 480 元的乙原料配成一种新原料,若新原料每千克的售价分别比甲、乙原料每千克的售价少 3 元和多 1 元,则新原料的售价是(　　).

A. 15 元　　　B. 16 元　　　C. 17 元　　　D. 18 元　　　E. 19 元

18. (2009-1) 一家商店为回收资金把甲、乙两件商品均以 480 元一件卖出.已知甲商品赚了 20%,乙商品亏了 20%,则商店盈亏结果为(　　).

A. 不亏不赚　　B. 亏了 50 元　　C. 赚了 50 元　　D. 赚了 40 元　　E. 亏了 40 元

19. (2009-10) 甲、乙两商店某种商品的进货价格都是 200 元,甲店以高于进货价格 20% 的价格出售,乙店以高于进货价格 15% 的价格出售,结果乙店的售出件数是甲店的 2 倍.扣除营业税后乙店的利润比甲店多 5 400 元.若设营业税率是营业额的 5%,那么甲、乙两店售出该商品各为(　　)件.

A. 450,900　　B. 500,1 000　　C. 550,1 100　　D. 600,1 200　　E. 650,1 300

20. (2010-1) 某商品的成本为 240 元,若按该商品标价的 8 折出售,利润率是 15%,则该商品的标价为(　　).

A. 276 元　　　B. 331 元　　　C. 345 元　　　D. 360 元　　　E. 400 元

21. (2010-1) 售出一件甲商品比售出一件乙商品利润要高.

(1) 售出 5 件甲商品,4 件乙商品共获利 50 元.

(2) 售出 4 件甲商品,5 件乙商品共获利 47 元.

22. (2012-10) 某人用 10 万元购买了甲、乙两种股票.若甲种股票上涨 $a\%$,乙种股票下降 $b\%$,此人购买的甲、乙两种股票总值不变,则此人购买甲种股票用了 6 万元.

(1) $a=2, b=3$.

(2) $3a-2b=0(a \neq 0)$.

23. (2018-1) 甲购买了若干件 A 玩具,乙购买了若干件 B 玩具送给幼儿园,甲比乙少花了 100 元,则能确定甲购买的玩具件数.

(1)甲与乙共购买了 50 件玩具.

(2)A 玩具的价格是 B 玩具的 2 倍.

24.(2020-1)某网站对单价为 55 元、75 元、80 元的三种商品进行促销,促销策略是每单满 200 元减 m 元,如果每单减 m 元后实际售价均不低于原价的 8 折,那么 m 的最大值为(　　).

A. 40　　　　B. 41　　　　C. 43　　　　D. 44　　　　E. 48

✳ 题型三：增减并存问题

> 【点拨】(1)商品先提价 $p\%$,再降价 $p\%$.
> 设商品原价为 a,则现价为 $a(1+p\%)(1-p\%)<a$.
> (2)商品先降价 $p\%$,再提价 $p\%$.
> 设商品原价为 a,则现价为 $a(1-p\%)(1+p\%)<a$.
> 强烈要求记结论:现值比原值小.

25.(2010-1)该股票涨了.

(1)某股票连续三天涨 10% 后,又连续三天跌 10%.

(2)某股票连续三天跌 10% 后,又连续三天涨 10%.

✳ 题型四：恢复原价问题

> 【点拨】(1)商品先提价 $p\%$,再降价(　　)恢复原价.
> 设商品原价为 1,降价 x,则 $1(1+p\%)(1-x)=1 \Rightarrow x=\dfrac{p\%}{1+p\%}$.
> (2)商品先降价 $p\%$,再提价(　　)恢复原价.
> 设商品原价为 1,提价 x,则 $1(1-p\%)(1+x)=1 \Rightarrow x=\dfrac{p\%}{1-p\%}$.
> 该类型题强烈要求记公式.

26.(1998-1)一种货币贬值 15%,一年后又增值(　　)才能保持原币值.

A. 15%　　B. 15.25%　　C. 16.78%　　D. 17.17%　　E. 17.65%

27.(1998-10)某种商品降价 20% 后,若欲恢复原价,应提价(　　).

A. 20%　　B. 25%　　C. 22%　　D. 15%　　E. 24%

✳ 题型五：连续增长或下降问题

> 【点拨】一月产量为 a,以后每月均比上个月增长 $p\%$(平均增长率),则年总产值为多少?
> 一月 a,二月 $a(1+p\%)$,三月 $a(1+p\%)^2$,…,十二月 $a(1+p\%)^{11}$,则全年总产值
> $$S=a+a(1+p\%)+a(1+p\%)^2+\cdots+a(1+p\%)^{11}(a\neq 0).$$
> 该类型题有陷阱$(a\neq 0)$.

28. (1997-10) 银行的一年期定期存款利率为 10%,某人于 1991 年 1 月 1 日存入 10 000 元, 1994 年 1 月 1 日取出,若按复利计算,他取出的本金和利息共计是( ).

   A. 10 300 元   B. 10 303 元   C. 13 000 元   D. 13 310 元   E. 14 641 元

29. (2004-10) A 公司 2003 年 6 月份的产值是 1 月份产值的 a 倍.

   (1) 在 2003 年上半年,A 公司月产值的平均值增长率为 $\sqrt[5]{a}$.

   (2) 在 2003 年上半年,A 公司月产值的平均值增长率为 $\sqrt[6]{a}-1$.

30. (2007-10) 某电镀厂两次改进操作方法,使用锌量比原来节约 15%,则平均每次节约( ).

   A. 42.5%   B. 7.5%

   C. $(1-\sqrt{0.85})\times 100\%$ D. $(1+\sqrt{0.85})\times 100\%$

   E. 以上均不正确

31. (2010-1) 甲企业一年的总产值为 $\frac{a}{p}[(1+p)^{12}-1]$.

   (1) 甲企业一月份的产值为 a,以后每月产值的增长率为 p.

   (2) 甲企业一月份的产值为 $\frac{a}{2}$,以后每月产值的增长率为 $2p$.

32. (2012-1) 某商品的定价为 200 元,受金融危机的影响,连续两次降价 20% 后的售价为( )元.

   A. 114   B. 120   C. 128   D. 144   E. 160

33. (2012-10) 某商品经过 8 月份与 9 月份连续两次降价,售价由 m 元降到了 n 元,则该商品的售价平均每次下降了 20%.

   (1) $m-n=900$.

   (2) $m+n=4\,100$.

34. (2013-10) 某公司今年第一季度和第二季度的产值分别比去年同期增长了 11% 和 9%,且这两个季度产值的同比绝对增加量相等,该公司今年上半年的产值同比增长了( ).

   A. 9.5%   B. 9.9%   C. 10%   D. 10.5%   E. 10.9%

35. (2015-1) 某新兴产业在 2005 年末至 2009 年末产值的年平均增长率为 q,在 2009 年末至 2013 年末产值的年平均增长率比前四年下降 40%,2013 年的产值约为 2005 年产值的 14.46($\approx$ 1.95^4)倍,则 q 的值约为( ).

   A. 30%   B. 35%   C. 40%   D. 45%   E. 50%

36. (2017-1) 某品牌电冰箱连续两次降价 10% 后的售价是降价前的( ).

   A. 80%   B. 81%   C. 82%   D. 83%   E. 85%

37. (2017-1) 能确定某企业产值的月平均增长率.

   (1) 已知一月份的产值.   (2) 已知全年的总产值.

38. (2020-1) 某产品去年涨价 10%,今年涨价 20%,则该产品这两年涨价( ).

   A. 15%   B. 16%   C. 30%   D. 32%   E. 33%

# 第二章 应用题

专题二 比例问题

题型框架

比例问题
- 题型一：已知总量，求部分量问题
- 题型二：已知部分量，求总量问题
- 题型三：不变量的比例问题
- 题型四：百分比计算问题
- 题型五：比例的基本计算问题

真题归类

✻ 题型一：已知总量，求部分量问题

【点拨】先找出部分量占总量的比例关系，再根据公式求出部分量.

部分量＝总量$\times \frac{n}{m}$（$\frac{n}{m}$为部分量占总量的比例）.

1．（1997-10）若某人以 1 000 元购买 A，B，C 三种商品，且所有金额之比是 1∶1.5∶2.5，则他购买 A，B，C 三种商品的金额（单位：元）依次是（　　）．

　　A．100，300，600　　　　　　B．150，225，400　　　　　　C．150，300，550
　　D．200，300，500　　　　　　E．200，250，550

2．（2001-1）一公司向银行借款 34 万元，欲按$\frac{1}{2}$∶$\frac{1}{3}$∶$\frac{1}{9}$的比例分配给下属甲、乙、丙三车间进行技术改造，则甲车间应得（　　）．

　　A．17 万元　　　B．8 万元　　　C．12 万元　　　D．18 万元

3．（2003-1）某公司得到一笔贷款共 68 万元用于下属三个工厂的设备改造，结果甲、乙、丙三个工厂按比例分别得到 36 万元、24 万元和 8 万元．

（1）甲、乙、丙三个工厂按$\frac{1}{2}$∶$\frac{1}{3}$∶$\frac{1}{9}$的比例分配贷款．

（2）甲、乙、丙三个工厂按 9∶6∶2 的比例分配贷款．

4．（2004-1）装一台机器需要甲、乙、丙三种部件各一件，现库中存有这三种部件共 270 件，分别用甲、乙、丙库存件数的$\frac{3}{5}$，$\frac{3}{4}$，$\frac{2}{3}$装配若干机器，那么原来存有甲种部件（　　）件．

　　A．80　　　B．90　　　C．100　　　D．110　　　E．以上结论均不正确

✱ 题型二：已知部分量，求总量问题

> **【点拨】** 根据公式
> $$总量 = \frac{部分量}{部分量所占总量的比例}.$$

5. (2000-10) 菜园里的白菜获得丰收，收到 $\frac{3}{8}$ 时，装满 4 筐还多 24 斤，其余部分收完后刚好又装满了 8 筐，菜园共收了白菜（　　）.

   A. 381 斤　　　B. 382 斤　　　C. 383 斤　　　D. 384 斤

6. (2001-10) 用一笔钱的 $\frac{5}{8}$ 购买甲商品，再以所余金额的 $\frac{2}{5}$ 购买乙商品，最后剩余 900 元，这笔钱的总额是（　　）.

   A. 2 400 元　　B. 3 600 元　　C. 4 000 元　　D. 4 500 元

7. (2002-1) 奖金发给甲、乙、丙、丁四人，其中 $\frac{1}{5}$ 发给甲，$\frac{1}{3}$ 发给乙，发给丙的奖金数正好是甲、乙奖金之差的 3 倍，已知发给丁的奖金为 200 元，则这批奖金为（　　）.

   A. 1 500 元　　B. 2 000 元　　C. 2 500 元　　D. 3 000 元

8. (2003-1) 所得税是工资加奖金总和的 30%，如果一个人的所得税为 6 810 元，奖金为 3 200 元，则他的工资为（　　）.

   A. 12 000 元　　B. 15 900 元　　C. 19 500 元　　D. 25 900 元　　E. 62 000 元

9. (2008-1) 一件含有 25 张一类贺卡和 30 张二类贺卡的邮包的总重量（不计包装重量）为 700 克.

   (1) 一类贺卡重量是二类贺卡重量的 3 倍.

   (2) 一张一类贺卡与两张二类贺卡的总重量是 $\frac{100}{3}$ 克.

10. (2014-1) 某公司投资一个项目，已知上半年完成了预算的 $\frac{1}{3}$，下半年完成了剩余部分的 $\frac{2}{3}$，此时还有 8 000 万投资未完成，则该项目的预算为（　　）.

    A. 3 亿元　　B. 3.6 亿元　　C. 3.9 亿元　　D. 4.5 亿元　　E. 5.1 亿元

11. (2017-1) 某人需要处理若干份文件，第一小时处理了全部文件的 $\frac{1}{5}$，第二小时处理了剩余文件的 $\frac{1}{4}$，则此人需要处理的文件数为 25 份.

    (1) 前两小时处理了 10 份文件.

    (2) 第二个小时处理了 5 份文件.

12. (2018-1) 学科竞赛设一等奖、二等奖和三等奖，比例为 1∶3∶8，获奖率为 30%，已知 10 人获得一等奖，则参加竞赛的人数为（　　）.

    A. 300　　　B. 400　　　C. 500　　　D. 550　　　E. 600

✱ 题型三：不变量的比例问题

> 【点拨】此类型题的标志是比例变化中有一个对象的数量是不变的，方法是将不变量的比例份数统一，然后根据比例的变化找出份数对应的数量关系．

13. (1999-1)一批图书放在两个书柜中，其中第一柜占55%，若从第一柜中取出15本放入第二柜内，则两书柜的书各占这批图书的50%，这批图书共有(   )．

    A. 200本　　　B. 260本　　　C. 300本　　　D. 360本　　　E. 600本

14. (2002-1)某厂生产的一批产品经产品检验，优等品与二等品的比是5∶2，二等品与次品的比是5∶1，则该批产品的合格率(合格品包括优等品与二等品)为(   )．

    A. 92%　　　B. 92.3%　　　C. 94.6%　　　D. 96%

15. (2005-1)甲、乙两个储煤仓库的库存煤量之比为10∶7，要使这两仓库的库存煤量相等，甲仓库需向乙仓库搬入的煤量占甲仓库库存煤量的(   )．

    A. 10%　　　B. 15%　　　C. 20%　　　D. 25%　　　E. 30%

16. (2006-10)甲、乙两仓库储存的粮食重量之比为4∶3，现从甲库中调出10万吨粮食，则甲、乙两仓库存粮吨数之比为7∶6．甲仓库原有粮食的万吨数为(   )．

    A. 70　　　B. 78　　　C. 80　　　D. 85　　　E. 以上结论均不正确

17. (2006-10)仓库中有甲、乙两种产品若干件，其中甲占总库存量的45%，若再存入160件乙产品后，甲产品占新库存量的25%，那么甲产品原有件数为(   )．

    A. 80　　　B. 90　　　C. 100　　　D. 110　　　E. 以上结论均不正确

18. (2007-10)某产品有一等品、二等品和不合格品三种，若在一批产品中一等品件数和二等品件数的比是5∶3，二等品件数和不合格品件数的比是4∶1，则该产品的不合格率约为(   )．

    A. 7.2%　　　B. 8%　　　C. 8.6%　　　D. 9.2%　　　E. 10%

19. (2009-1)某国参加北京奥运会的男女运动员比例原为19∶12，由于先增加若干名女运动员，使男女运动员比例变为20∶13，后又增加了若干名男运动员，于是男女运动员比例最终变为30∶19．如果后增加的男运动员比先增加的女运动员多3人，则最后运动员的总人数为(   )．

    A. 686　　　B. 637　　　C. 700　　　D. 661　　　E. 600

20. (2016-1)某家庭在一年的总支出中，子女教育支出与生活资料支出的比为3∶8，文化娱乐支出与子女教育支出的比为1∶2．已知文化娱乐支出占家庭总支出的10.5%，则生活资料支出占家庭总支出的(   )．

    A. 40%　　　B. 42%　　　C. 48%　　　D. 56%　　　E. 64%

✱ 题型四：百分比计算问题

> 【点拨】该类型题的标志是其中有一部分量以百分比的形式体现，往往与求部分量问题相结合考查，解题方法采用特值法比较多．

21. (1997-10)某地连续举办三场国际商业足球比赛,第二场观众比第一场少了80%,第三场观众比第二场少了50%,若第三场观众仅有2 500人,则第一场观众有( ).

    A.15 000人   B.20 000人   C.22 500人   D.25 000人   E.27 500人

22. (1999-10)容器内装满铁质或木质的黑球与白球,其中30%是黑球,60%的白球是铁质的,则容器中木质白球的百分比是( ).

    A.28%   B.30%   C.40%   D.42%   E.70%

23. (1999-10)甲、乙、丙三名工人加工完成一批零件,甲工人完成了总件数的34%,乙、丙两工人完成的件数之比是6∶5,已知丙工人完成了45件,则甲工人完成了( ).

    A.48件   B.51件   C.60件   D.63件   E.132件

24. (2000-10)某单位有男职工420人,男职工人数是女职工人数的$1\frac{1}{3}$倍,工龄20年以上者占全体职工人数的20%,工龄10~20年者是工龄10年以下者人数的一半,工龄在10年以下者人数是( ).

    A.250人   B.275人   C.392人   D.401人

25. (2001-10)健身房中,某个周末下午3:00,参加健身的男士与女士人数之比为3∶4,下午5:00,男士中有25%、女士中有50%离开了健身房,此时留在健身房内的男士与女士人数之比是( ).

    A.10∶9   B.9∶8   C.8∶9   D.9∶10

26. (2003-10)某培训班有学员96人,其中男生占全班人数的$\frac{7}{12}$,女生中有15%是30岁和30岁以上的,则女生中不到30岁的人数是( ).

    A.30人   B.31人   C.32人   D.33人   E.34人

27. (2003-10)某工厂人员由技术人员、行政人员和工人组成,共有男职工420人,是女职工的$1\frac{1}{3}$倍,其中行政人员占全体职工的20%,技术人员比工人少$\frac{1}{25}$,那么该工厂有工人( ).

    A.200人   B.250人   C.300人   D.350人   E.400人

28. (2008-1)本学期某大学的a个学生或者付x元的全额学费或者付半额学费,付全额学费的学生所付的学费占a个学生所付学费总额的比率是$\frac{1}{3}$.

    (1)在这a个学生中,20%的人付全额学费.

    (2)这a个学生本学期共付9 120元学费.

29. (2009-1)A企业的职工人数今年比前年增加了30%.

    (1)A企业的职工人数去年比前年减少了20%.

    (2)A企业的职工人数今年比去年增加了50%.

30. (2010-1)电影开演时观众中女士与男士人数之比为5∶4,开演后无观众入场,放映一小时后,女士的20%、男士的15%离场,则此时在场的女士与男士人数之比为( ).

A. 4∶5　　　　B. 1∶1　　　　C. 5∶4　　　　D. 20∶17　　　　E. 85∶64

31.(2010-1)甲企业今年人均成本是去年的60%.
(1)甲企业今年总成本比去年减少25%,员工人数增加25%.
(2)甲企业今年总成本比去年减少28%,员工人数增加20%.

32.(2018-1)如果甲公司的年终奖总额增加25%,乙公司的年终奖总额减少10%,两者相等,则能确定两公司的员工人数之比.
(1)甲公司的人均年终奖与乙公司的相同.
(2)两公司的员工人数之比与两公司的年终奖总额之比相等.

33.(2020-1)一项考试的总成绩由甲、乙、丙三部分组成:
$$总成绩=甲成绩\times 30\%+乙成绩\times 20\%+丙成绩\times 50\%.$$
考试通过的标准:每部分成绩≥50分,且总成绩≥60分.已知某人甲成绩70分,乙成绩75分,且通过了这项考试,则此人丙成绩的分数至少是(　　).
A. 48　　　　B. 50　　　　C. 55　　　　D. 60　　　　E. 62

✱ 题型五:比例的基本计算问题

【点拨】 该类型题是最基本的比例计算问题,设未知数列方程即可.

34.(1997-10)用一条绳子量井深,若将绳子折成3折来量,井外余绳4尺,折成4折来量,井外余绳1尺,则井深是(　　).
A. 6尺　　　　B. 7尺　　　　C. 8尺　　　　D. 9尺　　　　E. 12尺

35.(2000-1)一本书内有三篇文章,第一篇的页数分别是第二篇页数和第三篇页数的2倍和3倍,已知第三篇比第二篇少10页,则这本书共有(　　).
A. 100页　　　　B. 105页　　　　C. 110页　　　　D. 120页

36.(2000-10)车间工会为职工买来足球、排球和篮球共94个.按人数平均每3人一只足球,每4人一只排球,每5人一只篮球,该车间共有职工(　　).
A. 110人　　　　B. 115人　　　　C. 120人　　　　D. 125人

37.(2007-10)一满杯酒的体积为$\frac{1}{8}$升.
(1)瓶中有$\frac{3}{4}$升酒,再倒入1满杯酒可使瓶中的酒增至$\frac{7}{8}$升.
(2)瓶中有$\frac{3}{4}$升酒,再从瓶中倒出2满杯酒可使瓶中的酒减至$\frac{1}{2}$升.

38.(2009-10)某人在市场上买猪肉,小贩称得肉重为4斤,但此人不放心,拿出一个自备的100克重的砝码,将肉和砝码放在一起让小贩用原称复称,结果重量为4.25斤.由此可知顾客应要求小贩补猪肉(　　)两.
A. 3　　　　B. 6　　　　C. 4　　　　D. 7　　　　E. 8

39.（2013-1）甲、乙两商店同时购进了一批某品牌的电视,当甲店售出 15 台时乙店售出了 10 台,此时两店的库存比为 8：7,库存差为 5,甲、乙两店总进货量为（　　）.

　　A. 75　　　　B. 80　　　　C. 85　　　　D. 100　　　　E. 125

40.（2013-10）某物流公司将一批货物的 60% 送到了甲商场,100 件送到了乙商场,其余的都送到了丙商场,若送到甲、丙两商场的货物数量之比为 7：3,则该批货物共有（　　）件.

　　A. 700　　　　B. 800　　　　C. 900　　　　D. 1 000　　　　E. 1 100

41.（2015-1）某公司共有甲、乙两个部门. 如果从甲部门调 10 人到乙部门,那么乙部门人数是甲部门人数的 2 倍;如果把乙部门员工的 $\frac{1}{5}$ 调到甲部门,那么两个部门的人数相等. 该公司的总人数为（　　）.

　　A. 150　　　　B. 180　　　　C. 200　　　　D. 240　　　　E. 250

42.（2019-1）某影城统计了一季度的观众人数,如图所示,则一季度的男、女观众人数之比为（　　）.

　　A. 3：4　　　　　　　　B. 5：6

　　C. 12：13　　　　　　　D. 13：12

　　E. 4：3

43.（2021-1）某单位进行投票表决. 已知该单位的男女工人数之比为 3：2,则能确定至少有 50% 的女员工参加了投票.

（1）投赞成票的人数超过了总人数的 40%.

（2）参加投票的女员工比男员工多.

专题三　路程问题

题型框架

路程问题
- 题型一：相对运动问题
- 题型二：直线型相遇与追及路程问题
- 题型三：圆圈型路程问题
- 题型四：变速度与变效率问题
- 题型五：时间一定,路程和速度成正比问题
- 题型六：顺水与逆水问题
- 题型七：路程基本概念的计算问题
- 题型八：两人多次折返相遇问题

真题归类

✱ 题型一：相对运动问题

> **【点拨】**（1）同向运动：两列火车车身长分别为 l_1 和 l_2，速度分别为 v_1 和 $v_2(v_1 > v_2)$.
>
> ①相对速度 $v = v_1 - v_2$；②两车头尾相遇到头尾相离所需时间 $t = \dfrac{l_1 + l_2}{v_1 - v_2}$.
>
> （2）相向运动：两列火车车身长分别为 l_1 和 l_2，速度分别为 v_1 和 v_2.
>
> ①相对速度 $v = v_1 + v_2$；②两车头相遇到车尾相离所需时间 $t = \dfrac{l_1 + l_2}{v_1 + v_2}$.
>
> （3）火车通过电线杆的时间 t.
>
> 火车长度为 l_1，速度为 v_1，则 $t = \dfrac{l_1}{v_1}$.
>
> （4）火车通过桥的时间 t.
>
> 火车长度为 l_1，速度为 v_1，桥长为 l_2，则 $t = \dfrac{l_1 + l_2}{v_1}$.
>
> （5）火车通过人的时间 t.
>
> 火车长度为 l_1，速度为 v_1，人的速度为 v_2. 若同向，则 $t = \dfrac{l_1}{v_1 - v_2}$；若相向，则 $t = \dfrac{l_1}{v_1 + v_2}$.

1.（1998-10）在有上、下行的轨道上，两列火车相向开来，若甲车长 187 米，每秒行驶 25 米，乙车长 173 米，每秒行驶 20 米，则从两车头相遇到车尾离开需要（　　）.

   A. 12 秒　　　B. 11 秒　　　C. 10 秒　　　D. 9 秒　　　E. 8 秒

2.（1999-10）一列火车长 75 米，通过 525 米长的桥梁需要 40 秒，若以同样的速度穿过 300 米的隧道，则需要（　　）.

   A. 20 秒　　　B. 约 23 秒　　C. 25 秒　　　D. 约 27 秒　　E. 约 28 秒

3.（2004-1）快、慢两列车长度分别为 160 米和 120 米，它们相向行驶在平行轨道上，若坐在慢车上的人看见整列快车驶过的时间是 4 秒，那么坐在快车上的人看见整列慢车驶过的时间是（　　）.

   A. 3 秒　　　B. 4 秒　　　C. 5 秒　　　D. 6 秒　　　E. 以上结论均不正确

4.（2005-1）一支队伍排成长度为 800 米的队列行军，速度为 80 米/分钟，在队首的通讯员以 3 倍于行军的速度跑步到队尾，花 1 分钟传达首长命令后，立即以同样的速度跑回队首，在这往返全过程中通讯员所花费的时间为（　　）.

   A. 6.5 分钟　　B. 7.5 分钟　　C. 8 分钟　　D. 8.5 分钟　　E. 10 分钟

5.（2005-10）一列火车完全通过一个长为 1 600 米的隧道用了 25 秒，通过一根电线杆用了 5 秒，则该列火车的长度为（　　）.

   A. 200 米　　B. 300 米　　C. 400 米　　D. 450 米　　E. 500 米

6. (2010-10)在一条与铁路平行的公路上有一行人与一骑车人同向行进,行人速度为3.6千米/小时,骑车人速度为10.8千米/小时.如果一列火车从他们的后面同向匀速驶来,它通过行人的时间是22秒,通过骑车人的时间是26秒,则这列火车的车身长为(　　)米.

   A. 186　　　　B. 268　　　　C. 168　　　　D. 286　　　　E. 188

7. (2011-10)一列火车匀速行驶时,通过一座长为250米的桥梁需要10秒,通过一座长为450米的桥梁需要15秒,该火车通过长为1 050米的桥梁需要(　　)秒.

   A. 22　　　　B. 25　　　　C. 28　　　　D. 30　　　　E. 35

★ **题型二：直线型相遇与追及路程问题**

【点拨】直线型的路程问题.
(1)相遇问题(时间相等).
$$t=\frac{s_总}{v_甲+v_乙},\quad \frac{v_甲}{v_乙}=\frac{s_甲}{s_乙}.$$
(2)追及问题(时间相等,$v_甲>v_乙$).
$$t=\frac{s_总}{v_甲-v_乙},\quad \frac{v_甲}{v_乙}=\frac{s_甲}{s_乙}.$$

8. (1998-1)甲、乙两汽车从相距695公里的两地出发,相向而行.乙汽车比甲汽车迟2小时出发,甲汽车每小时行驶55公里,若乙汽车出发后5小时与甲汽车相遇,则乙汽车每小时行驶(　　).

   A. 55公里　　B. 58公里　　C. 60公里　　D. 62公里　　E. 65公里

9. (2002-10)A,B两地相距15公里,甲中午12时从A地出发,步行前往B地,20分钟后乙从B地出发,骑车前往A地,到达A地后乙停留40分钟后骑车从原路返回,结果甲、乙同时到达B地,若乙骑车比甲步行每小时快10公里,则两人同时到达B地的时间是(　　).

   A. 下午2时　　B. 下午2时半　　C. 下午3时　　D. 下午3时半

10. (2011-10)甲、乙两人赛跑,甲的速度是6米/秒.
    (1)乙比甲先跑12米,甲起跑后6秒追上乙.
    (2)乙比甲先跑2.5秒,甲起跑后5秒追上乙.

11. (2014-1)甲、乙两人上午8:00分别自A,B出发相向而行,9:00第一次相遇,之后速度均提高了1.5公里/小时.甲到B,乙到A后都立刻沿原路返回,若两人在10:30第二次相遇,则A,B两地的距离为(　　).

    A. 5.6公里　　B. 7公里　　C. 8公里　　D. 9公里　　E. 9.5公里

12. (2016-1)上午9时一辆货车从甲地出发前往乙地,同时一辆客车从乙地出发前往甲地,中午12时两车相遇,已知货车和客车的时速分别是90千米/小时和100千米/小时,则当客车到达甲地时,货车距乙地的距离是(　　)千米.

    A. 30　　　　B. 43　　　　C. 45　　　　D. 50　　　　E. 57

13. (2021-1)甲、乙两人相距330千米,他们驾车同时出发,经过2小时相遇,甲继续行驶2小时24分钟后到达乙的出发地,则乙的车速为( ).
A. 70千米/小时　　　　B. 75千米/小时　　　　C. 80千米/小时
D. 90千米/小时　　　　E. 96千米/小时

* **题型三：圆圈型路程问题**

【点拨】(1)追及问题(方向相同,经历时间相同).

①甲、乙每相遇一次,甲比乙多跑一圈,则第一次相遇的时间 $t=\dfrac{s}{v_{甲}-v_{乙}}(v_{甲}>v_{乙})$；

②若相遇 n 次,则 $s_{甲}-s_{乙}=n\cdot s,\dfrac{v_{甲}}{v_{乙}}=\dfrac{s_{甲}}{s_{乙}}=\dfrac{s_{乙}+n\cdot s}{s_{乙}}=1+\dfrac{n\cdot s}{s_{乙}}$.

(2)相遇问题(方向相反,经历时间相同).

①甲、乙每相遇一次,甲与乙路程之和为一圈,则第一次相遇的时间 $t=\dfrac{s}{v_{甲}+v_{乙}}$；

②若相遇 n 次,则 $s_{甲}+s_{乙}=n\cdot s,\dfrac{v_{甲}}{v_{乙}}=\dfrac{s_{甲}}{s_{乙}}=\dfrac{n\cdot s-s_{乙}}{s_{乙}}=\dfrac{n\cdot s}{s_{乙}}-1$.

14. (2009-10)甲、乙两人在环形跑道上跑步,他们同时从起点出发,当方向相反时每隔48秒相遇一次,当方向相同时每隔10分钟相遇一次.若甲每分钟比乙快40米,则甲、乙两人的跑步速度分别是( )米/分.
A. 470,430　　B. 380,340　　C. 370,330　　D. 280,240　　E. 270,230

15. (2013-1)甲、乙两人同时从 A 点出发,沿400米跑道同向匀速行走,25分钟后乙比甲少走一圈,若乙行走一圈需要8分钟,则甲的速度是( ).(单位:米/分钟)
A. 62　　B. 65　　C. 66　　D. 67　　E. 69

16. (2013-10)甲、乙两人以不同的速度在环形跑道上跑步,甲比乙快,则乙跑一圈需要6分钟.
(1)甲、乙相向而行,每隔2分钟相遇一次.
(2)甲、乙同向而行,每隔6分钟相遇一次.

* **题型四：变速度与变效率问题**

【点拨】该类型题的典型标志是在相同路程的前提下,一定会涉及两种速度,而且这两种速度会引起时间差,在解题过程中直接套用公式即可.

$v_1\times v_2=\dfrac{s}{\Delta t}\times \Delta v$, Δv 为速度差, Δt 为时间差.

17. (2001-1)某人下午三点钟出门赴约,若他每分钟走60米,会迟到5分钟,若他每分钟走75米,会提前4分钟到达.所定的约会时间是下午( ).
A. 三点五十分　　　　B. 三点四十分

C. 三点三十五分   D. 三点半

18. (2006-1)一辆大巴车从甲城以匀速 v 行驶可按预定时间到达乙城. 但在距乙城还有 150 公里处因故停留了半小时, 因此需要平均每小时增加 10 公里才能按预定时间到达乙城, 则大巴车原来的速度 v 为( )公里/小时.
    A. 45   B. 50   C. 55   D. 60   E. 以上结论均不正确

19. (2011-1)某施工队承担了开凿一条长为 2 400 m 隧道的工程, 在掘进了 400 m 后, 由于改进了施工工艺, 故每天比原计划多掘进 2 m, 最后提前 50 天完成了施工任务. 则原计划施工工期是( )天.
    A. 200   B. 240   C. 250   D. 300   E. 350

20. (2011-10)打印一份资料, 若每分钟打 30 个字, 需要若干小时打完. 当打到此材料的 $\frac{2}{5}$ 时, 打字效率提高了 40%, 结果提前半小时打完. 这份材料的字数是( )个.
    A. 4 650   B. 4 800   C. 4 950   D. 5 100   E. 5 250

21. (2013-10)老王上午 8:00 骑自行车离家去办公楼开会, 若每分钟骑行 150 米, 则他会迟到 5 分钟;若每分钟骑行 210 米, 则他会提前 5 分钟, 会议开始的时间是( ).
    A. 8:20   B. 8:30   C. 8:45   D. 9:00   E. 9:10

22. (2015-1)某人驾车从 A 地赶往 B 地, 前一半路程比计划多用时 45 分钟, 平均速度只有计划的 80%, 若后一半路程的平均速度 120 千米/小时, 此人还能按原定时间到达 B 地. A,B 两地的距离为( ).
    A. 450 千米   B. 480 千米   C. 520 千米   D. 540 千米   E. 600 千米

23. (2021-1)某人开车上班, 有一段路因维修限速通过, 则可以算出此人开车上班的距离.
    (1)路上比平时多用了半个小时.
    (2)已知维修路段的通行速度.

★ 题型五：时间一定，路程和速度成正比问题

【点拨】该类型题的标志是时间相同, $\frac{v_\text{甲}}{v_\text{乙}} = \frac{s_\text{甲}}{s_\text{乙}}$.

24. (2007-1)甲、乙、丙三人进行百米赛跑(假设他们的速度不变), 甲到达终点时, 乙距终点还差 10 米, 丙距终点还差 16 米. 那么乙到达终点时, 丙距终点还有( ).
    A. $\frac{22}{3}$ 米   B. $\frac{20}{3}$ 米   C. $\frac{15}{3}$ 米   D. $\frac{10}{3}$ 米   E. 以上结论均不正确

25. (2012-10)甲、乙、丙三人同时在起点出发进行 1 000 米自行车比赛(假设他们各自的速度保持不变), 甲到终点时, 乙距终点还有 40 米, 丙距终点还有 64 米. 那么乙到达终点时, 丙距终点( )米.
    A. 21   B. 25   C. 30   D. 35   E. 39

✳ 题型六：顺水与逆水问题

> 【点拨】该类型题的标志是顺水和逆水相结合，熟记 $v_顺 = v_船 + v_水, v_逆 = v_船 - v_水$.

26.（2009-1）一艘轮船往返航行于甲、乙两码头之间，设船在静水中的速度不变，则当这条河的水流速度增加50%时，往返一次所需的时间比原来将（　　）.

  A. 增加   B. 减少半小时   C. 不变

  D. 减少1小时   E. 无法判断

27.（2009-10）一艘小轮船上午8:00起航逆流而上（设船速和水流速度一定），中途船上一块木板落入水中，直到8:50船员才发现这块重要的木板丢失，立即调转船头去追，最终于9:20追上木板. 由上述数据可以算出木板落水的时间是（　　）.

  A. 8:35   B. 8:30   C. 8:25   D. 8:20   E. 8:15

28.（2011-1）已知船在静水中的速度为28 km/h，河水的流速为2 km/h，则此船在相距78 km的两地间往返一次所需时间是（　　）.

  A. 5.9 h   B. 5.6 h   C. 5.4 h   D. 4.4 h   E. 4 h

✳ 题型七：路程基本概念的计算问题

> 【点拨】应用基本公式来解题 $s = v \times t, v = \dfrac{s}{t}, t = \dfrac{s}{v}$.

29.（2001-1）两地相距351公里，汽车已行驶了全程的 $\dfrac{1}{9}$，则再行驶（　　），剩下的路程是已行驶的路程的5倍.

  A. 19.5公里   B. 21公里   C. 21.5公里   D. 22公里

30.（2001-10）从甲地到乙地，水路比公路近40公里，上午10:00，一艘轮船从甲地驶往乙地，下午1:00，一辆汽车从甲地开往乙地，最后船、车同时到达乙地. 若汽车的速度是每小时40公里，轮船的速度是汽车的 $\dfrac{3}{5}$，则甲、乙两地的公路长为（　　）.

  A. 320公里   B. 300公里   C. 280公里   D. 260公里

31.（2004-10）甲、乙两人同时从同一地点出发，相背而行，1小时后他们分别到达各自的终点 A 和 B. 若从原地出发，互换彼此的目的地，则甲在乙到达 A 之后35分钟到达 B，则甲的速度和乙的速度之比是（　　）.

  A. 3∶5   B. 4∶3   C. 4∶5   D. 3∶4   E. 以上结论均不正确

32.（2006-10）某人以6公里/小时的平均速度上山，上山后立即以12公里/小时的平均速度原路返回，那么此人在往返过程中的每小时平均所走的公里数为（　　）.

  A. 9   B. 8   C. 7   D. 6   E. 以上结论均不正确

33. (2008-1) 一辆出租车有段时间的营运全在东西走向的一条大道上,若规定向东为正,向西为负,且知该车的行驶公里数依次为 $-10, +6, +5, -8, +9, -15, +12$,则将最后一名乘客送到目的地时,该车的位置（ ）.

 A. 在首次出发地的东面1公里处   B. 在首次出发地的西面1公里处
 C. 在首次出发地的东面2公里处   D. 在首次出发地的西面2公里处
 E. 仍在首次出发地

34. (2008-10) 一批救灾物资分别随16列货车从甲站紧急调到600公里外的乙站,每列车的平均速度为125公里/小时.若两列相邻的货车在运行中的间隔不得小于25公里,则这批物资全部到达乙站最少需要的小时数为（ ）.

 A. 7.4   B. 7.6   C. 7.8   D. 8   E. 8.2

35. (2017-1) 某人从 A 地出发,先乘时速为220千米的动车,后转乘时速为100千米的汽车到达 B 地,则 A, B 两地的距离为960千米.
 (1) 乘动车时间与乘汽车的时间相等.
 (2) 乘动车时间与乘汽车的时间之和为6小时.

36. (2019-1) 货车行驶72千米用时1小时,其速度 v 与行驶时间 t 的关系如图所示,则 $v_0=$（ ）千米/小时.

 A. 72
 B. 80
 C. 90
 D. 95
 E. 100

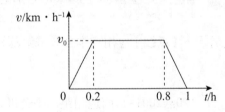

✱ 题型八：两人多次折返相遇问题

> 【点拨】该类型题的典型标志是双方第一次在途中相遇之后,继续前行到彼此对方的目的地之后,折返回来在途中彼此多次相遇,解决该类型题的方法：根据两人相遇时间相等,速度之比等于路程之比.

37. (2020-1) 甲、乙两人从一条长为1 800米道路的两端同时出发,往返行走.已知甲每分钟行走100米,乙每分钟行走80米,则两人第三次相遇时,甲距其出发点（ ）米.

 A. 600   B. 900   C. 1 000   D. 1 400   E. 1 600

专题四 工程问题

题型框架

工程问题
- 题型一：工程基本概念求解问题
- 题型二：时间一定，总量与效率成正比问题
- 题型三：两个人的工程问题
- 题型四：求工时费问题
- 题型五：效率增长率问题
- 题型六：轮流工作的工程问题

真题归类

✱ 题型一：工程基本概念求解问题

【点拨】(1)工作总量＝工作效率×工作时间.

(2)工作效率＝$\dfrac{\text{工作总量}}{\text{工作时间}}$.

(3)工作时间＝$\dfrac{\text{工作总量}}{\text{工作效率}}$.

(4)注意：

①总量一定，效率与时间成反比；

②时间一定，总量与效率成正比；

③效率可以相加减；

④时间不能相加减；

⑤甲单独 m 天完成，乙单独 n 天完成，则甲、乙合作完成的时间 $t=\dfrac{1}{\dfrac{1}{m}+\dfrac{1}{n}}=\dfrac{mn}{m+n}$.

1.(1997-1)某厂一生产流水线，若每 15 秒可出产品 4 件，则 1 小时该流水线可出产品(　　).
　A.480 件　　　B.540 件　　　C.720 件　　　D.960 件　　　E.1 080 件

2.(1998-1)制鞋厂本月计划生产旅游鞋 5 000 双，结果 12 天就完成了计划的 45%，照这样的进度，这个月(按 30 天计算)旅游鞋的产量将为(　　).
　A.5 625 双　　B.5 650 双　　C.5 700 双　　D.5 750 双　　E.5 800 双

3.(1998-10)采矿场有数千吨矿石要运走，运矿石汽车 7 天可运走全部的 35%，照这样的进度，余下的矿石都运走还需(　　).
　A.13 天　　　B.12 天　　　C.11 天　　　D.10 天　　　E.9 天

4.(2000-1)一艘轮船发生漏水事故.当漏进水600桶时,两部抽水机开始排水,甲机每分钟能排水20桶,乙机每分钟能排水16桶,经50分钟刚好将水全部排完.每分钟漏进的水有( ).

  A.12桶   B.18桶   C.24桶   D.30桶

5.(2001-10)有A,B两种型号收割机,在第一个工作日,9部A型机和3部B型机共收割小麦189公顷;在第二个工作日,5部A型机和6部B型机共收割小麦196公顷.A,B两种型号收割机一个工作日内收割小麦的公顷数分别是( ).

  A.14,21   B.21,14   C.15,18   D.18,15

6.(2002-10)有大、小两种货车,2辆大车与3辆小车可以运货15.5吨,5辆大车与6辆小车可以运货35吨,则3辆大车与5辆小车可以运货( ).

  A.20.5吨   B.22.5吨   C.24.5吨   D.26.5吨

7.(2006-1)甲、乙两项工程分别由一、二工程队负责完成.晴天时,一队完成甲工程需要12天,二队完成乙工程需要15天;雨天时,一队的工作效率是晴天时的60%,二队的工作效率是晴天时的80%.结果两队同时开工并同时完成各自的工程.那么,在这段施工期内,雨天的天数为( ).

  A.8   B.10   C.12   D.15   E.以上结论均不正确

8.(2007-10)管径相同的三条不同管道甲、乙、丙可同时向某基地容积为1 000立方米的油罐供油,丙管道的供油速度比甲管道供油速度大.

  (1)甲、乙同时供油10天可注满油罐.

  (2)乙、丙同时供油5天可注满油罐.

9.(2011-1)现有一批文字材料需要打印,两台新型打印机单独完成此任务分别需要4小时与5小时,两台旧型打印机单独完成此任务分别需要9小时与11小时,则能在2.5小时内完成此任务.

  (1)安排两台新型打印机同时打印.

  (2)安排一台新型打印机与两台旧型打印机同时打印.

10.(2012-1)某单位春季植树100棵,前2天安排乙组植树,其余任务由甲、乙两组用3天完成,已知甲组每天比乙组多植树4棵,则甲组每天植树( ).

  A.11棵   B.12棵   C.13棵   D.15棵   E.17棵

11.(2021-1)清理一块场地,则甲、乙、丙三人能在2天内完成.

  (1)甲、乙两人需要3天.

  (2)甲、丙两人需要4天.

★ 题型二：时间一定，总量与效率成正比问题

> 【点拨】此类型题的特点是时间相等,则总量与效率成正比,即 $\dfrac{甲工作总量}{乙工作总量}=\dfrac{甲效率}{乙效率}$.

12.(2000-10)甲、乙两机床4小时共生产某种零件360个,现在两台机床同时生产这种零件,在相同时间内,甲机床生产了1 225个,乙机床生产了1 025个,则甲机床每小时生产零件( ).

A. 49 个　　　　B. 50 个　　　　C. 51 个　　　　D. 52 个

13. (2007-1) 修一条公路,甲队单独施工需要 40 天完成,乙队单独施工需要 24 天完成. 现两队同时从两端开工,结果在距该路中点 7.5 公里处会合完工. 则这条公路的长度为(　　).

　　A. 60 公里　　B. 70 公里　　C. 80 公里　　D. 90 公里　　E. 100 公里

✱ 题型三：两个人的工程问题

> 【点拨】该类型题的标志是仅适用于两个人的合作问题,在工作总量相同的情况下,找出甲、乙之间的等量关系,甲 m 天＝乙 n 天,再相应扩大倍数即可.

14. (1998-1) 一批货物要运进仓库. 由甲、乙两队合运 9 小时,可运进全部货物的 50%,乙队单独运则要 30 小时才能运完,又知甲队每小时可运进 3 吨,则这批货物共有(　　).

　　A. 135 吨　　B. 140 吨　　C. 145 吨　　D. 150 吨　　E. 155 吨

15. (1999-1) 一项工程由甲、乙两队合作 30 天可完成. 甲队单独做 24 天后,乙队加入,两队合作 10 天后,甲队调走,乙队继续做了 17 天才完成. 若这项工程由甲队单独做,则需要(　　).

　　A. 60 天　　B. 70 天　　C. 80 天　　D. 90 天　　E. 100 天

16. (2010-10) 一件工程要在规定时间内完成. 若甲单独做要比规定的时间推迟 4 天,若乙单独做要比规定的时间提前 2 天完成. 若甲、乙合作了 3 天,剩下的部分由甲单独做,恰好在规定时间内完成,则规定时间为(　　)天.

　　A. 19　　B. 20　　C. 21　　D. 22　　E. 24

17. (2013-1) 某工程由甲公司单独承包需要 60 天完成,由甲、乙两公司共同承包需要 28 天完成,由乙、丙两公司共同承包需要 35 天完成,则由丙公司单独承包该工程需要的天数为(　　).

　　A. 85　　B. 90　　C. 95　　D. 100　　E. 105

✱ 题型四：求工时费问题

> 【点拨】该类型题的标志是从两个方向来考查：一是天数,二是每天的人工费. 总人工费＝天数×每天的人工费. 注意,求时间时必须以效率为核心,设效率为未知数.

18. (2002-1) 公司的一项工程由甲、乙两队合作 6 天完成,公司需付 8 700 元;由乙、丙两队合作 10 天完成,公司需付 9 500 元;甲、丙两队合作 7.5 天完成,公司需付 8 250 元. 若单独承包给一个工程队并且要求不超过 15 天完成全部工作,则公司付钱最少的队是(　　).

　　A. 甲队　　B. 丙队　　C. 乙队　　D. 不能确定

19. (2015-1) 一件工作,甲、乙两个人合作需要 2 天,人工费 2 900 元；乙、丙两个人合作需要 4 天,人工费 2 600 元；甲、丙两个人合作 2 天完成了全部工程量的 $\frac{5}{6}$,人工费 2 400 元. 甲单独做该工作需要时间与人工费分别为(　　).

　　A. 3 天, 3 000 元　　　　　　B. 3 天, 2 850 元　　　　　　C. 3 天, 2 700 元

D. 4 天,3 000 元　　　　　　　E. 4 天,2 900 元

20.(2019-1)某单位要铺设草坪.若甲、乙两公司合作需要6天完成,工时费共计2.4万元;若甲公司单独做4天后由乙公司接着做9天完成,工时费共计2.35万元.若由甲公司单独完成该项目,则工时费共计(　　).

A. 2.25 万元　　　　　　B. 2.35 万元　　　　　　C. 2.4 万元

D. 2.45 万元　　　　　　E. 2.5 万元

★ 题型五：效率增长率问题

【点拨】增长率=$\dfrac{现在}{原来}-1$,下降率=$1-\dfrac{现在}{原来}$.

21.(2013-1)某工厂生产一批零件,计划10天完成任务,实际提前2天完成任务,则每天的产量比计划平均提高了(　　).

A. 15%　　B. 20%　　C. 25%　　D. 30%　　E. 35%

22.(2019-1)某车间计划10天完成一项任务,工作3天后因故停工2天,若仍要按原计划完成任务,则工作效率需要提高(　　).

A. 20%　　B. 30%　　C. 40%　　D. 50%　　E. 60%

★ 题型六：轮流工作的工程问题

【点拨】该类型题的标志是几个人轮流工作,每人干一天,最后求时间.

23.(2007-10)完成某项任务,甲单独做需4天,乙单独做需6天,丙单独做需8天.现甲、乙、丙三人依次一日一轮换地工作,则完成该项任务共需的天数为(　　).

A. $6\dfrac{2}{3}$　　B. $5\dfrac{1}{3}$　　C. 6　　D. $4\dfrac{2}{3}$　　E. 4

24.(2012-10)一项工作,甲、乙、丙三人各自独立完成需要的天数分别为3,4,6.则丁独立完成该项工作需要4天时间.

(1)甲、乙、丙、丁四人共同完成该项工作需要1天时间.

(2)甲、乙、丙三人各做1天,剩余部分由丁独立完成.

专题五　杠杆问题

题型框架

杠杆问题
- 题型一：求人数或数量问题
- 题型二：求变量成绩或平均成绩问题
- 题型三：百分比混合问题
- 题型四：倒扣问题

真题归类

※ 题型一：求人数或数量问题

【点拨】该类型题的标志：已知变量 a，变量 b 及平均值（中间值）c 的问题，求其中部分量的人数或数量问题.

1．(2002-1)公司有职工 50 人，理论知识考核平均成绩为 81 分，按成绩将公司职工分为优秀与非优秀两类，优秀职工的平均成绩为 90 分，非优秀职工的平均成绩是 75 分，则非优秀职工的人数为(　　).

A. 30 人　　　B. 25 人　　　C. 20 人　　　D. 无法确定

2．(2003-1)车间共有 40 人，某次技术操作考核的平均成绩为 80 分，其中男工平均成绩为 83 分，女工平均成绩为 78 分. 该车间有女工(　　).

A. 16 人　　B. 18 人　　C. 20 人　　D. 24 人　　E. 28 人

3．(2008-10)某班有学生 36 人，期末各科平均成绩为 85 分以上的为优秀生，若该班优秀生的平均成绩为 90 分，非优秀生的平均成绩为 72 分，全班平均成绩为 80 分，则该班优秀生的人数是(　　).

A. 12　　B. 14　　C. 16　　D. 18　　E. 20

4．(2014-1)某部门在一次联欢活动中共设了 26 个奖，奖品均价为 280 元，其中一等奖单价为 400 元，其他奖品均价为 270 元，一等奖的个数为(　　).

A. 6　　B. 5　　C. 4　　D. 3　　E. 2

5．(2015-1)在某次考试中，甲、乙、丙三个班的平均成绩分别为 80，81 和 81.5，三个班的学生得分之和为 6 952，三个班共有学生(　　)名.

A. 85　　B. 86　　C. 87　　D. 88　　E. 90

※ 题型二：求变量成绩或平均成绩问题

【点拨】该类型题的标志：已知变量 a 和变量 b 的数值，及变量 a 和变量 b 的人数（数量）之比，求总体平均值 c 的问题.

6. (2001-1)某班同学在一次测验中,平均成绩为75分,其中男同学人数比女同学多80%,而女同学平均成绩比男同学高20%,则女同学的平均成绩为( ).

    A. 83分　　　　B. 84分　　　　C. 85分　　　　D. 86分

7. (2002-10)甲、乙两组射手打靶,乙组平均成绩为171.6环,比甲组平均成绩高出30%,而甲组人数比乙组人数多20%,则甲、乙两组射手的总平均成绩是( ).

    A. 140环　　　B. 145.5环　　C. 150环　　　D. 158.5环

8. (2009-10)已知某车间的男工人数比女工人数多80%,若在该车间一次技术考核中全体工人的平均成绩为75分,而女工平均成绩比男工平均成绩高20%,则女工的平均成绩为( )分.

    A. 88　　　B. 86　　　C. 84　　　D. 82　　　E. 80

9. (2011-10)甲、乙两组射手打靶,两组射手的平均成绩是150环.

    (1)甲组的人数比乙组人数多20%.

    (2)乙组平均成绩为171.6环,比甲组平均成绩高出30%.

10. (2013-10)某学校高一年级男生人数占该年级学生人数的40%,在一次考试中,男、女的平均分数分别为75和80,则这次考试高一年级学生的平均分数为( ).

    A. 76　　　B. 77　　　C. 77.5　　　D. 78　　　E. 79

11. (2016-1)已知某公司男员工的平均年龄和女员工的平均年龄,则能确定该公司员工的平均年龄.

    (1)已知该公司员工的人数.

    (2)已知该公司男、女员工的人数之比.

12. (2019-1)某校理学院五个系每年的录取人数见下表:

系别	数学系	物理系	化学系	生物系	地学系
录取人数	60	120	90	60	30

今年与去年相比,物理系的录取平均分没变.则理学院的录取平均分升高了.

    (1)数学系的录取平均分升高了3分,生物系的录取平均分降低了2分.

    (2)化学系的录取平均分升高了1分,地学系的录取平均分降低了4分.

13. (2021-1)某班增加两名同学,该班同学的平均身高增加了.

    (1)增加的两名同学的平均身高与原来男同学平均身高相同.

    (2)原来男同学的平均身高大于女同学的平均身高.

★ 题型三:百分比混合问题

> 【点拨】该类型题的标志是根据百分比的变化,导致总体中间量的变化,从而得出两个变量的数量比.

14. (2007-10)王女士将一笔资金分别投入股市和基金,但因故需抽回一部分资金,若从股市中抽回10%,从基金中抽回5%,则其总投资额减少8%;若从股市和基金的投资额中各抽回15%和

10%,则其总投资额减少130万元,其总投资额为( )万元.

A. 1 000 B. 1 500 C. 2 000 D. 2 500 E. 3 000

15.(2011-1)在一次英语考试中,某班的及格率为80%.

(1)男生及格率为70%,女生及格率为90%.

(2)男生的平均分与女生的平均分相等.

✴ 题型四:倒扣问题

> 【点拨】该类型题的标志涉及四个量:理想状态、实际状态、奖励的、倒扣的.
> 则损坏的数量$=\dfrac{\text{理想的}-\text{实际的}}{\text{奖励的}+\text{倒扣的}}$.

16.(2000-1)商店委托搬运队运送500只瓷花瓶,双方商定每只花瓶运费0.50元,若搬运中打破一只,则不但不计运费,还要从运费中扣除2.00元,已知搬运队共收到240元,则搬运中打破了( )花瓶.

A. 3只 B. 4只 C. 5只 D. 6只

专题六 浓度问题

题型框架

浓度问题
- 题型一:两种浓度混合问题
- 题型二:浓度变化问题
- 题型三:几个杯子互相倒问题
- 题型四:等量置换问题

真题归类

✴ 题型一:两种浓度混合问题

> 【点拨】两种浓度混合在一起,得到新的浓度,方法可以根据浓度不变原则和物质守恒原则相结合来建立等量关系.

1.(2008-1)若用浓度30%和20%的甲、乙两种食盐溶液配成浓度为24%的食盐溶液500克,则甲、乙两种溶液应各取( ).

A. 180克和320克 B. 185克和315克 C. 190克和310克

D. 195克和305克 E. 200克和300克

2. (2009-1)在某实验中,三个试管各盛水若干克.现将浓度为12%的盐水10克倒入A试管中,混合后取10克倒入B试管中,混合后再取10克倒入C试管中,结果A,B,C三个试管中盐水的浓度分别为6%,2%,0.5%,那么三个试管中原来盛水最多的试管及其盛水量各是(　　).

A. A试管,10克　　　　B. B试管,20克　　　　C. C试管,30克
D. B试管,40克　　　　E. C试管,50克

3. (2016-1)将2升甲酒精和1升乙酒精混合得到丙酒精,则能确定甲、乙两种酒精的浓度.

(1) 1升甲酒精和5升乙酒精混合后的浓度是丙酒精浓度的$\frac{1}{2}$倍.

(2) 1升甲酒精和2升乙酒精混合后的浓度是丙酒精浓度的$\frac{2}{3}$倍.

4. (2021-1)现有甲、乙两种浓度的酒精,已知用10升甲酒精和12升乙酒精可配成70%酒精.用20升甲酒精和8升乙酒精可配成浓度80%的酒精.则甲酒精的浓度为(　　).

A. 72%　　　B. 80%　　　C. 84%　　　D. 88%　　　E. 91%

★ 题型二:浓度变化问题

【点拨】该类型题的特点是不变量问题,其中蒸发、稀释问题前后溶质不变,加浓问题前后溶剂不变,根据前后不变的量来找等量列方程.

5. (2011-10)含盐12.5%的盐水40千克蒸发掉部分水分后变成了含盐20%的盐水,蒸发掉的水分重量为(　　)千克.

A. 19　　　B. 18　　　C. 17　　　D. 16　　　E. 15

6. (2011-10)某种新鲜水果的含水量为98%,一天后含水量降为97.5%.某商店以每斤1元的价格购进了1 000斤新鲜水果,预计当天能售出60%,两天内售完.要使利润维持在20%,则每斤水果的平均售价应定为(　　)元.

A. 1.20　　　B. 1.25　　　C. 1.30　　　D. 1.35　　　E. 1.40

★ 题型三:几个杯子互相倒问题

【点拨】该类型题的标志是从后向前算,以最后一次为主,先算最后一次.

7. (2013-10)甲、乙、丙三个容器中装有盐水,现将甲容器中盐水的$\frac{1}{3}$倒入乙容器,摇匀后将乙容器中盐水的$\frac{1}{4}$倒入丙容器,摇匀后再将丙容器中盐水的$\frac{1}{10}$倒回甲容器,此时甲、乙、丙三个容器中盐水的含盐量都是9千克,则甲容器中原来的盐水含盐量是(　　)千克.

A. 13　　　B. 12.5　　　C. 12　　　D. 10　　　E. 9.5

∗ **题型四：等量置换问题**

> 【点拨】倒出一定量溶液，再用等量水补满，则有公式：
>
> $$原浓度 \times \frac{(V-a)(V-b)}{V^2} = 后浓度,$$
>
> V 指原溶液的体积，a 指第一次倒出的体积，b 指第二次倒出的体积，倒几次分母就是几次方.

8.（2012-10）一满桶纯酒精倒出 10 升后，加满水搅匀，再倒出 4 升后，再加满水. 此时，桶中的纯酒精与水的体积之比是 2 : 3，则该桶的容积是（　　）升.

A. 15　　　　　B. 18　　　　　C. 20　　　　　D. 22　　　　　E. 25

9.（2014-1）某容器中装满了浓度为 90% 的酒精，倒出 1 升后用水将容器注满，搅拌均匀后又倒出 1 升，再用水将容器注满，已知此时的酒精浓度为 40%，则该容器的容积是（　　）.

A. 2.5 升　　　B. 3 升　　　　C. 3.5 升　　　D. 4 升　　　　E. 4.5 升

专题七　集合问题

题型框架

集合问题 { 题型一：两个集合问题
　　　　　 题型二：三个集合问题

真题归类

∗ **题型一：两个集合问题**

> 【点拨】两个集合 A,B，一般会把全集涉及 4 个部分，只有 A, $A \cap B$，只有 B 及 $\overline{A}\overline{B}$，一般用文氏图来解决.

1.（2004-10）某单位有职工 40 人，其中参加计算机考核的有 31 人，参加外语考核的有 20 人，有 8 人没有参加任何一种考核，则同时参加两项考核的职工有（　　）.

A. 10 人　　　B. 13 人　　　C. 15 人　　　D. 19 人　　　E. 以上结论均不正确

2.（2008-1）某单位有 90 人，其中有 65 人参加外语培训，72 人参加计算机培训，已知参加外语培训而没参加计算机培训的有 8 人，则参加计算机培训而没参加外语培训的人数为（　　）.

A. 5　　　　　B. 8　　　　　C. 10　　　　　D. 12　　　　　E. 15

3.（2008-1）申请驾驶执照时，必须参加理论考试和路考，且两种考试均通过. 若在同一批学员中有 70% 的人通过了理论考试，80% 的人通过了路考，则最后领到驾驶执照的人有 60%.

(1) 10% 的人两种考试都没有通过.

(2) 20%的人仅通过了路考.

4. (2011-1)某年级60名学生中,有30人参加合唱团、45人参加运动队,其中参加合唱团而未参加运动队的有8人,则参加运动队而未参加合唱团的有(　　).

  A. 15 人   B. 22 人   C. 23 人   D. 30 人   E. 37 人

5. (2017-1)张老师到一所中学进行招生咨询,上午接受了45名同学的咨询,其中的9名同学下午又咨询了张老师,占张老师下午咨询学生的10%,一天中向张老师咨询的学生人数为(　　).

  A. 81   B. 90   C. 115   D. 126   E. 135

✱ 题型二：三个集合问题

> **【点拨】** 该类型题要求考生掌握三个公式:
> (1) $A \cup B \cup C = A+B+C-(A \cap B+B \cap C+A \cap C)+A \cap B \cap C =$ 全集 $-\overline{A \cap B \cap C}$;
> (2) $A \cup B \cup C =$ 只有1个 + 只有2个 + 只有3个;
> (3) $A+B+C =$ 只有1个 + 2只有2个 + 3只有3个.

6. (2008-10)某班同学参加智力竞赛,共有A、B、C三题,每题或得0分或得满分.竞赛结果无人得0分,三题全部答对的有1人,答对两题的有15人.答对A题的人数和答对B题的人数之和为29人,答对A题的人数和答对C题的人数之和为25人,答对B题的人数和答对C题的人数之和为20人,那么该班的人数为(　　).

  A. 20   B. 25   C. 30   D. 35   E. 40

7. (2010-1)某公司的员工中,拥有本科毕业证、计算机等级证、汽车驾驶证的人数分别为130,110,90.又知只有一种证的人数为140,三证齐全的人数为30,则恰有双证的人数为(　　).

  A. 45   B. 50   C. 52   D. 65   E. 100

8. (2017-1)老师问班上50名同学周末复习情况,结果有20人复习过数学,30人复习过语文,6人复习过英语,且同时复习过数学和语文的有10人,同时复习过语文和英语的有2人,同时复习过英语和数学的有3人.若同时复习过这三门功课的人为0,则没复习过这三门功课的学生人数为(　　).

  A. 7   B. 8   C. 9   D. 10   E. 11

9. (2018-1)有96位顾客至少购买了甲、乙、丙三种商品中的一种,经调查,同时购买了甲、乙两种商品的有8位,同时购买了甲、丙两种商品的有12位,同时购买了乙、丙两种商品的有6位,同时购买了三种商品的有2位,则仅购买一种商品的顾客有(　　).

  A. 70 位   B. 72 位   C. 74 位   D. 76 位   E. 82 位

10. (2021-1)某便利店第一天出售50种商品,第二天出售45种商品,第三天出售60种商品.前两天出售的商品有25种相同,后两天出售的商品有30种相同,则这三天出售至少有(　　).

  A. 70 种   B. 75 种   C. 80 种   D. 85 种   E. 100 种

专题八　不定方程问题

题型框架

不定方程问题 { 题型一：不定方程的解是整数的问题
题型二：不定方程的解落在区间范围的整数问题

真题归类

✳ 题型一：不定方程的解是整数的问题

【点拨】 一般是设未知数个数多于方程个数，解题方法是借助奇数、偶数的性质或者利用整除、倍数的特征来分析.

1. (2010-10)一次考试有 20 道题，做对一题得 8 分，做错一题扣 5 分，不做不计分．某同学共得 13 分，则该同学没做的题数是(　　).

   A. 4　　　　B. 6　　　　C. 7　　　　D. 8　　　　E. 9

2. (2010-10)某种同样的商品装成一箱，每个商品的重量都超过 1 千克，并且是 1 千克的整数倍，去掉箱子重量后净重 210 千克，拿出若干个商品后，净重 183 千克，则每个商品的重量为(　　)千克.

   A. 1　　　　B. 2　　　　C. 3　　　　D. 4　　　　E. 5

3. (2011-1)在年底的献爱心活动中，某单位共有 100 人参加捐款，经统计，捐款总额是 19 000 元，个人捐款数额有 100 元、500 元和 2 000 元三种，该单位捐款 500 元的人数为(　　).

   A. 13　　　　B. 18　　　　C. 25　　　　D. 30　　　　E. 28

4. (2016-1)利用长度为 a 和 b 的两种管材能连接成长度为 37 的管道(单位：米).

   (1) $a=3, b=5$.
   (2) $a=4, b=6$.

5. (2017-1)某公司用 1 万元购买了价格分别是 1 750 元和 950 元的甲、乙两种办公设备，则购买的甲、乙办公设备的件数分别为(　　).

   A. 3，5　　　　B. 5，3　　　　C. 4，4　　　　D. 2，6　　　　E. 6，2

6. (2020-1)已知甲、乙、丙三人共捐款 3 500 元，则能确定每人的捐款金额.

   (1)三人的捐款金额各不相同.
   (2)三人的捐款金额都是 500 的倍数.

7. (2021-1)某人购买了果汁、牛奶和咖啡三种物品，已知果汁每瓶 12 元，牛奶每盒 15 元，咖啡每盒 35 元，则能确定所购买各种物品的数量.

   (1)总花费 104 元.
   (2)总花费 215 元.

✵ 题型二:不定方程的解落在区间范围的整数问题

> 【点拨】一般是设未知数个数多于方程个数,解题方法是借助范围的尾数或质数特征来分析.

8.(2015-1)几个朋友外出游玩,购买了一些瓶装水,则能确定购买的瓶装水数量.
(1)若每人分 3 瓶,则剩余 30 瓶.
(2)若每人分 10 瓶,则只有 1 人不够.

9.(2017-1)某机构向 12 位教师征题,并征集到 5 种题型的试题 52 道,则能确定供题教师的人数.
(1)每位供题教师提供的试题数相同.
(2)每位供题教师提供的题型不超过 2 种.

10.(2020-1)共有 n 辆车,则能确定人数.
(1)若每辆车 20 座,则有 1 车未满.
(2)若每辆车 12 座,则少 10 个座.

专题九 线性规划问题

题型框架

线性规划问题
- 题型一:交点为整数点的问题
- 题型二:交点为非整数点的问题

真题归类

✵ 题型一:交点为整数点的问题

> 【点拨】设未知数列出不等式或不等式组,将不等式直接取等号求解为整数解,则直接代入目标函数验证是否符合题意即可.

1.(2011-10)某地区平均每天产生生活垃圾 700 吨,由甲、乙两个处理厂处理.甲厂每小时可处理垃圾 55 吨,所需费用为 550 元;乙厂每小时可处理垃圾 45 吨,所需费用为 495 元.如果该地区每天的垃圾处理费不能超过 7 370 元,那么甲厂每天处理垃圾的时间至少需要(　　)小时.
A. 6　　　　B. 7　　　　C. 8　　　　D. 9　　　　E. 10

2. (2013-1)有一批水果要装箱,一名熟练工单独装箱需要10天,每天报酬为200元;一名普通工单独装箱需要15天,每天报酬为120元. 由于场地限制,最多可同时安排12人装箱,若要求在一天内完成装箱任务,则支付的最少报酬为(　　)元.

    A. 1 800　　　B. 1 840　　　C. 1 920　　　D. 1 960　　　E. 2 000

✱ 题型二：交点为非整数点的问题

> 【点拨】设未知数列出不等式或不等式组,将不等式直接取等号求解,若为小数解,取左右相邻的整数,再代入目标函数验证是否符合题意即可.

3. (2010-1)某居民小区决定投资15万元修建停车位,据测算,修建一个室内车位的费用为5 000元,修建一个室外车位的费用为1 000元,考虑到实际因素,计划室外车位的数量不少于室内车位的2倍,也不多于室内车位的3倍,这笔投资最多可建车位的数量为(　　).

    A. 78　　　B. 74　　　C. 72　　　D. 70　　　E. 66

4. (2012-1)某公司计划运送180台电视机和110台洗衣机下乡,现有两种货车,甲种货车每辆最多可载40台电视机和10台洗衣机,乙种货车每辆最多可载20台电视机和20台洗衣机,已知甲、乙两种货车的租金分别是每辆400元和360元,则最少运费是(　　)元.

    A. 2 560　　　B. 2 600　　　C. 2 640　　　D. 2 680　　　E. 2 720

5. (2013-10)某单位在甲、乙两个仓库中分别存放着30吨和50吨货物,现要将这批货物转运到 A,B 两地存放,A,B 两地的存放量都是40吨,甲、乙两个仓库到 A,B 两地的距离(单位:公里)如表1所示,甲、乙两个仓库运送到 A,B 两地的货物重量如表2所示,若每吨货物每公里的运费是1元,则下列调运方案中总运费最少的是(　　).

表1

	甲	乙
A	10	15
B	15	10

表2

	甲	乙
A	x	y
B	u	v

A. $x=30, y=10, u=0, v=40$　　　　　B. $x=0, y=40, u=30, v=10$

C. $x=10, y=30, u=20, v=20$　　　　D. $x=20, y=20, u=10, v=30$

E. $x=15, y=25, u=15, v=25$

6. (2014-10) A,B 两种型号的客车载客量分别为36人和60人,租金分别为1 600元/辆和2 400元/辆. 某旅行社租用 A,B 两种车辆安排900名旅客出行,则至少要花租金37 600元.

    (1) B 型车租用数量不多于 A 型车租用数量.
    (2)租用车总数量不多于20辆.

专题十 至多、至少问题

题型框架

至多、至少问题 { 题型一:总体固定的情况下,求个体的至多、至少问题
题型二:求整体的至多、至少问题

真题归类

★ 题型一:总体固定的情况下,求个体的至多、至少问题

【点拨】 在总体固定的情况下,求单独的个体至多(至少)问题,可以用反面来求,转化为其他对象最少(最多).

1.(2012-1)某年级共有 8 个班. 在一次年级考试中,共有 21 名学生不及格,每班不及格的学生最多有 3 名,则(一)班至少有 1 名学生不及格.

(1)(二)班的不及格人数多于(三)班.

(2)(四)班不及格的学生有 2 名.

2.(2012-1)已知三种水果的平均价格为 10 元/千克,则每种水果的价格均不超过 18 元/千克.

(1)三种水果中价格最低的为 6 元/千克.

(2)购买重量分别是 1 千克、1 千克和 2 千克的三种水果共用了 46 元.

3.(2013-1)甲班共有 30 名同学,在一次满分为 100 分的考试中,全班的平均成绩为 90 分,则成绩低于 60 分的同学至多有( )个.

A. 5   B. 6   C. 7   D. 8   E. 9

4.(2020-1)若 a,b,c 是实数,则能确定 a,b,c 的最大值.

(1)已知 a,b,c 的平均值.

(2)已知 a,b,c 的最小值.

★ 题型二:求整体的至多、至少问题

【点拨】 该类型题的标志是在总数固定的情况下,求整体的至多、至少问题,方法是利用已知条件变形出所求问题.

5.(2013-1)某单位年终共发了 100 万元奖金,奖金金额分别是一等奖 1.5 万元、二等奖 1 万元、三等奖 0.5 万元,则该单位至少有 100 人.

(1)得二等奖的人数最多.

(2)得三等奖的人数最多.

专题十一 分段计费问题

题型框架

分段计费问题 { 题型一:文字型分段计费问题
题型二:图表型分段计费问题

真题归类

★ 题型一:文字型分段计费问题

【点拨】该类型题的标志是以文字的形式出现,方法是将文字型转化为图表型,让每个区间的数值达到最大化,然后再与总的提成相比较,最后确定是在哪个区间结束.

1.(2007-1)某自来水公司的水费计算方法如下:每户每月用水不超过5吨的,每吨收费4元,超过5吨的,每吨收取较高标准的费用.已知9月份张家的用水量比李家的用水量多50%,张家和李家的水费分别是90元和55元,则用水量超过5吨的收费标准是(　　).

A.5元/吨　　　　　　　B.5.5元/吨　　　　　　　C.6元/吨

D.6.5元/吨　　　　　　E.7元/吨

2.(2012-10)某商场在一次活动中规定:一次购物不超过100元时没有优惠;超过100元而没有超过200元时,按该次购物全额9折优惠;超过200元时,其中200元按9折优惠,超过200元的部分按8.5折优惠.若甲、乙两人在该商场购买的物品分别付费94.5元和197元,则两人购买的物品在举办活动前需要的付费总额是(　　)元.

A.291.5　　　　　　　B.314.5　　　　　　　C.325

D.291.5或314.5　　　　E.314.5或325

3.(2018-10)某单位采取分段收费的方式收取网络流量(单位:GB)费用,每月流量20(含)以内免费,流量20到30(含)的每GB收费1元,流量30到40(含)的每GB收费3元,流量40以上的每GB收费5元.小王这个月用了45 GB的流量,则他应该交费(　　).

A.45元　　B.65元　　C.75元　　D.85元　　E.135元

★ 题型二:图表型分段计费问题

【点拨】该类型题的标志是以表格的形式出现,特点是不同区间对应提成率(税率)不同,方法是算出每个区间的提成率(税率)的最大值,再与总的提成相比较.

4.(2011-10)为了调节个人收入,减少中低收入者的赋税负担,国家调整了个人工资薪金所得

税的征收方案.已知原方案的起征点为2 000元/月,税费分九级征收,前四级税率见下表:

级数	全月应纳税所得额 q/元	税率/%
1	$0 < q \leqslant 500$	5
2	$500 < q \leqslant 2\,000$	10
3	$2\,000 < q \leqslant 5\,000$	15
4	$5\,000 < q \leqslant 20\,000$	20

新方案的起征点为3 500元/月,税费分七级征收,前三级税率见下表:

级数	全月应纳税所得额 q/元	税率/%
1	$0 < q \leqslant 1\,500$	3
2	$1\,500 < q \leqslant 4\,500$	10
3	$4\,500 < q \leqslant 9\,000$	20

若某人在新方案下每月缴纳的个人工资薪金所得税是345元,则此人每月缴纳的个人工资薪金所得税比原方案减少了(　　)元.
A. 825　　　B. 480　　　C. 345　　　D. 280　　　E. 135

专题十二　植树问题

题型框架

植树问题一题型:直线型和圆圈型(封闭型)相结合的植树问题

真题归类

★ 题型:**直线型和圆圈型(封闭型)相结合的植树问题**

【点拨】(1)直线型植树问题公式:长度为 l 米,间距为 m 米,首和尾不重合,棵数 $=\dfrac{l}{m}+1$;

(2)圆圈型植树问题公式:长度为 l 米,间距为 m 米,首尾出现重合,棵数 $=\dfrac{l}{m}$.

1. (2019-1)将一批树苗种在一个正方形花园边上,四周都种,如果每隔3米种一棵,那么剩下10棵树苗,如果每隔2米种一棵,那么恰好种满正方形的3条边,则这批树苗有(　　)棵.
A. 54　　　B. 60　　　C. 70　　　D. 82　　　E. 94

专题十三　年龄问题

题型框架

年龄问题—题型：求年龄

真题归类

✱ 题型：求年龄

【点拨】年龄问题一般与比例问题和完全平方数相结合.

1.(2019-1)能确定小明的年龄.
(1)小明的年龄是完全平方数.
(2)20年后小明的年龄是完全平方数.

专题十四　求最值问题

题型框架

求最值问题 { 题型一：利用均值定理求最值
题型二：利用二次函数求最值 }

真题归类

✱ 题型一：利用均值定理求最值

【点拨】利用均值不等式"积为定值，和有最小值"来判断.然而此类型题的关键点在于对已知积为定值的构造.对于两个正数记住结论 $a+b \geqslant 2\sqrt{ab}$.

1.(2003-1)某产品的产量 Q 与原材料 A,B,C 的数量 x,y,z（单位均为吨）满足 $Q=0.05xyz$，已知 A,B,C 每吨的价格分别是 3,2,4（百元）.若用 5 400 元购买 A,B,C 三种原材料，则使产量最大的 A,B,C 的采购量分别为（　　）.

A. 6 吨,9 吨,4.5 吨　　　B. 2 吨,4 吨,8 吨　　　C. 2 吨,3 吨,6 吨
D. 2 吨,2 吨,2 吨　　　E. 以上结果都不正确

2.(2003-1)已知某厂生产 x 件产品的成本为 $C=25\,000+200x+\dfrac{1}{40}x^2$（元），要使平均成本最小所应生产的产品件数为（　　）.

A. 100　　　　　　B. 200　　　　　　C. 1 000

D. 2 000 　　　　　　　　E. 以上结果都不正确

3. (2009-1) 某工厂定期购买一种原料,已知该厂每天需用该原料6吨,每吨价格1 800元. 原料的保管等费用平均每吨3元,每次购买原料支付运费900元,若该厂要使平均每天支付的总费用最省,则应该每(　　)天购买一次原料.

A. 11　　　B. 10　　　C. 9　　　D. 8　　　E. 7

✱ 题型二：利用二次函数求最值

【点拨】根据题意列出二次函数表达式 $y=ax^2+bx+c$,转化为 $y=a(x-x_1)(x-x_2)$,当对称轴 $x=-\dfrac{b}{2a}$ 或 $x=\dfrac{x_1+x_2}{2}$ 时有最值.

4. (2003-10) 已知某厂生产 x 件产品的成本为 $C=25\,000+200x+\dfrac{1}{40}x^2$(元),若产品以每件500元售出,则使利润最大的产量是(　　).

A. 2 000 件　　B. 3 000 件　　C. 4 000 件　　D. 5 000 件　　E. 6 000 件

5. (2007-1) 设罪犯与警察在一开阔地上相隔一条宽0.5千米的河,罪犯从北岸 A 点处以每分钟1千米的速度向正北逃窜,警察从南岸 B 点以每分钟2千米的速度向正东追击(见图),则警察从 B 点到达最佳射击位置(即罪犯与警察相距最近的位置)所需的时间是(　　).

A. $\dfrac{3}{5}$ 分钟　　　　　　B. $\dfrac{5}{3}$ 分钟

C. $\dfrac{10}{7}$ 分钟　　　　　D. $\dfrac{7}{10}$ 分钟

E. $\dfrac{7}{5}$ 分钟

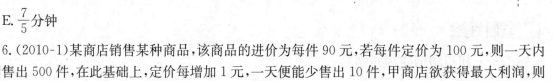

6. (2010-1) 某商店销售某种商品,该商品的进价为每件90元,若每件定价为100元,则一天内能销售出500件,在此基础上,定价每增加1元,一天便能少售出10件,甲商店欲获得最大利润,则该商品的定价应为(　　).

A. 115 元　　B. 120 元　　C. 125 元　　D. 130 元　　E. 135 元

7. (2016-1) 某商场将每台进价为2 000元的冰箱以2 400元销售时,每天销售8台,调研表明这种冰箱的售价每降低50元,每天就能多销售4台. 若要每天销售利润最大,则该冰箱的定价应为(　　)元.

A. 2 200　　B. 2 250　　C. 2 300　　D. 2 350　　E. 2 400

第二部分 代 数

第三章 整式、分式与函数

真题统计

专题	题型	问题求解题	条件充分性判断题	总计
基本公式的应用	完全平方和与完全平方差基本公式的应用	5	1	14
	平方差公式的应用	1	1	
	立方和、立方差公式的应用	3	3	
整式的因式与因式分解	因式定理问题	3	2	14
	因式分解问题		2	
	表达式化简求值	1	6	
函数	二次函数	7	9	16

真题分析

本章在考试中题量和分值较少,一般占1~2道题目,主要从两个方向来考查,一是整式和分式的基本运算,包含了乘法公式、因式分解、因式定理及分式的恒等变形;二是函数,其考点为二次函数、指数函数和对数函数等问题.

该表格按照专题(3个)、考试题型(7种)、考试形式(问题求解和条件充分性判断)统计了1月联考和10月在职考试真题.本章以相同题型为前提,以年份为顺序进行统计,共包含问题求解题20道,条件充分性判断题24道,总计44道题.要求考生利用好每一道真题,掌握基本概念、基本题型和基本方法,透过真题厘清命题思路,把握考试方向.

高频题型:乘法公式问题,二次函数问题,表达式化简求值问题.

低频题型:指数函数、对数函数问题,集合问题.

拔高题型:max,min函数问题.

本章思维导图

整式、分式与函数
- 基本公式的应用
  - 题型一：完全平方和与完全平方差基本公式的应用
  - 题型二：平方差公式的应用
  - 题型三：立方和、立方差公式的应用
- 整式的因式与因式分解
  - 题型一：因式定理问题
  - 题型二：因式分解问题
  - 题型三：表达式化简求值
- 函数—题型：二次函数

专题一　基本公式的应用

题型框架

基本公式的应用
- 题型一：完全平方和与完全平方差基本公式的应用
- 题型二：平方差公式的应用
- 题型三：立方和、立方差公式的应用

真题归类

✱ 题型一：完全平方和与完全平方差基本公式的应用

【点拨】(1)熟悉公式的结构特征,理解并掌握公式；
(2)根据待求式的特点,模仿、套用公式；
(3)该公式一般与非负性相结合求最值.

常用公式：

① $(a\pm b)^2 = a^2 \pm 2ab + b^2 \Rightarrow a^2 + b^2 = (a\pm b)^2 \mp 2ab$,

变形 $x^2 + \dfrac{1}{x^2} = \left(x + \dfrac{1}{x}\right)^2 - 2$；

② $a^2 + b^2 + c^2 \pm ab \pm ac \pm bc = \dfrac{1}{2}[(a\pm b)^2 + (b\pm c)^2 + (a\pm c)^2]$；

③ $(a+b+c)^2 = a^2 + b^2 + c^2 + 2(ab+bc+ac)$,

变形 $2(ab+bc+ac) = (a+b+c)^2 - (a^2+b^2+c^2)$.

1.(1998-1) 设实数 x, y 适合等式 $x^2 - 4xy + 4y^2 + \sqrt{3}x + \sqrt{3}y - 6 = 0$,则 $x+y$ 的最大值为(　　).

A. $\dfrac{\sqrt{3}}{2}$ B. $\dfrac{2\sqrt{3}}{3}$ C. $2\sqrt{3}$ D. $3\sqrt{2}$ E. $3\sqrt{3}$

2. (2002-1)已知 a,b,c 是不完全相等的任意实数,若 $x=a^2-bc, y=b^2-ac, z=c^2-ab$,则 x,y,z（ ）.

   A. 都大于零 B. 至少有一个大于零
   C. 至少有一个小于零 D. 都不小于零

3. (2010-1)设 a,b 为非负实数,则 $a+b\leqslant\dfrac{5}{4}$.

   (1) $ab\leqslant\dfrac{1}{16}$. (2) $a^2+b^2\leqslant 1$.

4. (2010-10)若 $x+\dfrac{1}{x}=3$,则 $\dfrac{x^2}{x^4+x^2+1}=$（ ）.

   A. $-\dfrac{1}{8}$ B. $\dfrac{1}{6}$ C. $\dfrac{1}{4}$ D. $-\dfrac{1}{4}$ E. $\dfrac{1}{8}$

5. (2010-10)若实数 a,b,c 满足 $a^2+b^2+c^2=9$,则代数式 $(a-b)^2+(b-c)^2+(c-a)^2$ 的最大值是（ ）.

   A. 21 B. 27 C. 29 D. 32 E. 39

6. (2012-10)设实数 x,y 满足 $x+2y=3$,则 x^2+y^2+2y 的最小值为（ ）.

   A. 4 B. 5 C. 6 D. $\sqrt{5}-1$ E. $\sqrt{5}+1$

✳ 题型二：平方差公式的应用

> 【点拨】掌握公式 $a^2-b^2=(a+b)(a-b)$ 的变形规律并会应用公式做题.

7. (2008-1) $\dfrac{(1+3)\times(1+3^2)\times(1+3^4)\times(1+3^8)\times\cdots\times(1+3^{32})+\dfrac{1}{2}}{3\times 3^2\times 3^3\times\cdots\times 3^{10}}=$（ ）.

   A. $\dfrac{1}{2}\times 3^{10}+3^{19}$ B. $\dfrac{1}{2}+3^{19}$ C. $\dfrac{1}{2}\times 3^{19}$
   D. $\dfrac{1}{2}\times 3^9$ E. 以上结果均不正确

8. (2013-10)已知 $f(x,y)=x^2-y^2-x+y+1$,则 $f(x,y)=1$.

   (1) $x=y$.
   (2) $x+y=1$.

题型三：立方和、立方差公式的应用

【点拨】$(1) a^3 + b^3 = (a+b)^3 - 3ab(a+b)$；

$(2) a^3 + b^3 = (a+b)(a^2 - ab + b^2)$；

$(3) x^3 + \dfrac{1}{x^3} = \left(x + \dfrac{1}{x}\right)^3 - 3\left(x + \dfrac{1}{x}\right)$；

$(4) a^3 - b^3 = (a-b)(a^2 + ab + b^2)$.

9. (2011-1) 已知 $x^2 + y^2 = 9$, $xy = 4$, 则 $\dfrac{x+y}{x^3 + y^3 + x + y} = ($　　$)$.

A. $\dfrac{1}{2}$　　　B. $\dfrac{1}{5}$　　　C. $\dfrac{1}{6}$　　　D. $\dfrac{1}{13}$　　　E. $\dfrac{1}{14}$

10. (2011-10) 已知 $x(1-kx)^3 = a_1 x + a_2 x^2 + a_3 x^3 + a_4 x^4$ 对所有实数 x 都成立, 则 $a_1 + a_2 + a_3 + a_4 = -8$.

    (1) $a_2 = -9$.　　　　　　　　(2) $a_3 = 27$.

11. (2014-1) 设 x 是非零实数, 则 $x^3 + \dfrac{1}{x^3} = 18$.

    (1) $x + \dfrac{1}{x} = 3$.　　　　　　(2) $x^2 + \dfrac{1}{x^2} = 7$.

12. (2016-1) 设 x, y 是实数, 则可以确定 $x^3 + y^3$ 的最小值.

    (1) $xy = 1$.　　　　　　　　(2) $x + y = 2$.

13. (2018-1) 设实数 a, b 满足 $|a-b|=2$, $|a^3-b^3|=26$, 则 $a^2+b^2=($　　$)$.

A. 30　　　B. 22　　　C. 15　　　D. 13　　　E. 10

14. (2020-1) 已知实数 x 满足 $x^2 + \dfrac{1}{x^2} - 3x - \dfrac{3}{x} + 2 = 0$, 则 $x^3 + \dfrac{1}{x^3} = ($　　$)$.

A. 12　　　B. 15　　　C. 18　　　D. 24　　　E. 27

专题二　整式的因式与因式分解

整式的因式与因式分解
- 题型一：因式定理问题
- 题型二：因式分解问题
- 题型三：表达式化简求值

真题归类

✻ 题型一：因式定理问题

> 【点拨】$f(x)$ 含有 $ax-b$ 因式 $\Leftrightarrow f(x)$ 能被 $ax-b$ 整除 $\Leftrightarrow f\left(\dfrac{b}{a}\right)=0$.
>
> 特别地，$f(x)$ 含有 $x-a$ 因式 $\Leftrightarrow f(x)$ 能被 $x-a$ 整除 $\Leftrightarrow f(a)=0$.

1. (2007-10)若多项式 $f(x)=x^3+a^2x^2+x-3a$ 能被 $x-1$ 整除，则实数 $a=(\quad)$.
   A. 0   B. 1   C. 0 或 1   D. 2 或 -1   E. 2 或 1

2. (2009-10)二次三项式 x^2+x-6 是多项式 $2x^4+x^3-ax^2+bx+a+b-1$ 的一个因式.
   (1)$a=16$.   (2)$b=2$.

3. (2010-1)多项式 x^3+ax^2+bx-6 的两个因式是 $x-1$ 和 $x-2$，则其第三个一次因式为( ).
   A. $x-6$ B. $x-3$ C. $x+1$ D. $x+2$ E. $x+3$

4. (2010-10)$ax^3-bx^2+23x-6$ 能被 $(x-2)(x-3)$ 整除.
   (1)$a=3,b=-16$.   (2)$a=3,b=16$.

5. (2012-1)若 x^3+x^2+ax+b 能被 x^2-3x+2 整除，则( ).
   A. $a=4,b=4$ B. $a=-4,b=-4$ C. $a=10,b=-8$
   D. $a=-10,b=8$ E. $a=-2,b=0$

✻ 题型二：因式分解问题

> 【点拨】(1)形如 $ax^2+bxy+cy^2+dx+ey+f=0$，利用双十字相乘法.
>
>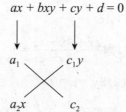
>
> $\begin{cases} a_1c_2+a_2c_1=b, \\ c_1f_2+c_2f_1=e, \\ a_1f_2+a_2f_1=d \end{cases} \Rightarrow (a_1x+c_1y+f_1)(a_2x+c_2y+f_2)=0;$
>
> (2)形如 $ax+bxy+cy+d=0$，利用十字相乘法.
>
> $ax+bxy+cy+d=0$
>
> $\begin{cases} a_1c_2=d, \\ a_2c_1=b \end{cases} \Rightarrow (a_1+c_1y)(a_2x+c_2)=0.$

6. (2008-10) 方程 $x^2+mxy+6y^2-10y-4=0$ 的图形是两条直线.

(1) $m=7$.   (2) $m=-7$.

7. (2018-1) 设 m,n 是正整数,则能确定 $m+n$ 的值.

(1) $\frac{1}{m}+\frac{3}{n}=1$.

(2) $\frac{1}{m}+\frac{2}{n}=1$.

✳ 题型三：表达式化简求值

> 【点拨】(1)因式分解法；(2)裂项相消法；(3)多个未知数用一个未知数表示代入法；(4)待定系数法.

8. (2008-10) ax^2+bx+1 与 $3x^2-4x+5$ 的积不含 x 的一次方项和三次方项.

(1) $a:b=3:4$.   (2) $a=\frac{3}{5}, b=\frac{4}{5}$.

9. (2009-1) 对于使 $\frac{ax+7}{bx+11}$ 有意义的一切 x 的值,这个分式为一个定值.

(1) $7a-11b=0$.   (2) $11a-7b=0$.

10. (2009-1) $\frac{a^2-b^2}{19a^2+96b^2}=\frac{1}{134}$.

(1) a,b 均为实数,且 $|a^2-2|+(a^2-b^2-1)^2=0$.

(2) a,b 均为实数,且 $\frac{a^2 b^2}{a^4-2b^4}=1$.

11. (2009-1) $2a^2-5a-2+\frac{3}{a^2+1}=-1$.

(1) a 是方程 $x^2-3x+1=0$ 的根.

(2) $|a|=1$.

12. (2013-1) 已知 $f(x)=\frac{1}{(x+1)(x+2)}+\frac{1}{(x+2)(x+3)}+\cdots+\frac{1}{(x+9)(x+10)}$,则 $f(8)=$ ( ).

A. $\frac{1}{9}$ B. $\frac{1}{10}$ C. $\frac{1}{16}$ D. $\frac{1}{17}$ E. $\frac{1}{18}$

13. (2013-1) 设 x,y,z 为非零实数,则 $\frac{2x+3y-4z}{-x+y-2z}=1$.

(1) $3x-2y=0$.   (2) $2y-z=0$.

14. (2015-1) 已知 p,q 为非零实数,则能确定 $\frac{p}{q(p-1)}$ 的值.

(1) $p+q=1$.   (2) $\frac{1}{p}+\frac{1}{q}=1$.

专题三 函 数

题型框架

函数—题型：二次函数

真题归类

❋ 题型：二次函数

【点拨】掌握二次函数 $y=ax^2+bx+c(a\neq 0)$ 的基本特征.

(1)对称轴：$x=-\dfrac{b}{2a}$.

(2)顶点坐标：$\left(-\dfrac{b}{2a},\dfrac{4ac-b^2}{4a}\right)$.

(3)截距：图像与坐标轴交点坐标.

① y 轴截距：令 $x=0$，则 $y=c$.

② x 轴截距：令 $y=0$，则 $ax^2+bx+c=0$，

$\Delta=b^2-4ac>0$ 时，有两个不同交点；

$\Delta=b^2-4ac=0$ 时，有一个交点；

$\Delta=b^2-4ac<0$ 时，无交点.

③零点情况：$f(x)=ax^2+bx+c=a(x-x_1)(x-x_2)$.

令 $f(x)=0 \Rightarrow ax^2+bx+c=0$，方程的根 x_1 和 x_2 即为零点.

(4)最值：$\begin{cases} a>0 \text{ 时，有最小值} \dfrac{4ac-b^2}{4a}; \\ a<0 \text{ 时，有最大值} \dfrac{4ac-b^2}{4a}. \end{cases}$

(5)恒正，恒负.

①恒正 $\begin{cases} a>0, \\ \Delta=b^2-4ac<0. \end{cases}$

②恒负 $\begin{cases} a<0, \\ \Delta=b^2-4ac<0. \end{cases}$

1.(2000-10)一抛物线以 y 轴为对称轴，且过点 $\left(-1,\dfrac{1}{2}\right)$ 及原点，一直线 l 过点 $\left(1,\dfrac{5}{2}\right)$ 和点 $\left(0,\dfrac{3}{2}\right)$，则直线 l 被抛物线截得的线段长度为（　　）.

A. $4\sqrt{2}$　　　　B. $3\sqrt{2}$　　　　C. $4\sqrt{3}$　　　　D. $3\sqrt{3}$

2. (2007-10)一元二次函数 $f(x)=x(1-x)$ 的最大值为( ).

A. 0.05　　　B. 0.10　　　C. 0.15　　　D. 0.20　　　E. 0.25

3. (2011-10)抛物线 $y=x^2+(a+2)x+2a$ 与 x 轴相切.

(1) $a>0$.

(2) $a^2+a-6=0$.

4. (2012-1)直线 $y=x+b$ 是抛物线 $y=x^2+a$ 的切线.

(1) $y=x+b$ 与 $y=x^2+a$ 有且仅有一个交点.

(2) $x^2-x\geqslant b-a(x\in\mathbf{R})$.

5. (2012-10)设 a,b 为实数,则 $a=1,b=4$.

(1)曲线 $y=ax^2+bx+1$ 与 x 轴的两个交点的距离为 $2\sqrt{3}$.

(2)曲线 $y=ax^2+bx+1$ 关于直线 $x+2=0$ 对称.

6. (2013-1)已知抛物线 $y=x^2+bx+c$ 的对称轴为 $x=1$,且过点 $(-1,1)$,则( ).

A. $b=-2,c=-2$　　　　　　B. $b=2,c=2$　　　　　　C. $b=-2,c=2$

D. $b=-1,c=1$　　　　　　E. $b=1,c=1$

7. (2014-1)已知二次函数 $f(x)=ax^2+bx+c$,则能确定 a,b,c 的值.

(1)曲线 $y=f(x)$ 经过点 $(0,0)$ 和点 $(1,1)$.

(2)曲线 $y=f(x)$ 与直线 $y=a+b$ 相切.

8. (2016-1)设抛物线 $y=x^2+2ax+b$ 与 x 轴相交于 A,B 两点,点 C 坐标为 $(0,2)$,若 $\triangle ABC$ 的面积等于 6,则( ).

A. $a^2-b=9$　　　　　　B. $a^2+b=9$　　　　　　C. $a^2-b=36$

D. $a^2+b=36$　　　　　　E. $a^2-4b=9$

9. (2016-1)已知 $f(x)=x^2+ax+b$,则 $0\leqslant f(1)\leqslant 1$.

(1) $f(x)$ 在区间 $[0,1]$ 中有两个零点.

(2) $f(x)$ 在区间 $[1,2]$ 中有两个零点.

10. (2017-1)直线 $y=ax+b$ 与抛物线 $y=x^2$ 有两个交点.

(1) $a^2>4b$.

(2) $b>0$.

11. (2017-1)设 a,b 是两个不相等的实数,则函数 $f(x)=x^2+2ax+b$ 的最小值小于零.

(1) $1,a,b$ 成等差数列.

(2) $1,a,b$ 成等比数列.

12. (2018-1)函数 $f(x)=\max\{x^2,-x^2+8\}$ 的最小值为( ).

A. 8　　　B. 7　　　C. 6　　　D. 5　　　E. 4

13. (2018-1)设函数 $f(x)=x^2+ax$,则 $f(x)$ 的最小值与 $f[f(x)]$ 的最小值相等.

(1) $a\geqslant 2$.

(2) $a\leqslant 0$.

14. (2020-1) 设函数 $f(x)=(ax-1)(x-4)$,则在 $x=4$ 左侧附近有 $f(x)<0$.

(1) $a>\dfrac{1}{4}$.

(2) $a<4$.

15. (2021-1) 函数 $f(x)=x^2-4x-2|x-2|$ 的最小值为(　　).

A. -4　　　B. -5　　　C. -6　　　D. -7　　　E. -8

16. (2021-1) 设二次函数 $f(x)=ax^2+bx+c$,且 $f(2)=f(0)$,则 $\dfrac{f(3)-f(2)}{f(2)-f(1)}=$(　　).

A. 2　　　B. 3　　　C. 4　　　D. 5　　　E. 6

第四章　方程及不等式

真题统计

专题	题型	问题求解题	条件充分性判断题	总计
方程	根与系数的关系（韦达定理）	13	2	32
	根的判断	1	7	
	公共根的问题		2	
	根的分布	3	4	
其他方程	一元一次方程	2		19
	分式方程		2	
	无理方程	1	1	
	绝对值方程	3		
	指数方程	1		
	方程与数列、三角形相结合	7	2	
基本不等式	不等式的基本性质	1	6	42
	一元一次不等式		1	
	一元二次不等式	8	3	
	绝对值不等式	2	3	
	简单的分式不等式	2	2	
	高次不等式	1	2	
	无理及对数不等式		2	
	均值不等式	3	6	

真题分析

在考研中,方程及不等式是必考考点,一般占1~2道题目,从两个方向来考查,一是一元二次方程问题的韦达定理、根的分布情况;二是不等式问题的绝对值不等式、均值不等式等.

该表格按照专题(3个)、考试题型(18种)、考试形式(问题求解和条件充分性判断)统计了1月联考和10月在职考试真题.本章以相同题型为前提,以年份为顺序进行统计,共包含问题求解题48

道,条件充分性判断题 45 道,总计 93 道题.要求考生利用好每一道真题,掌握基本概念、基本题型和基本方法,透过真题厘清命题思路,把握考试方向.

高频题型:一元二次方程,均值不等式.

低频题型:一元一次方程,二元一次方程组,分式方程,无理方程及分式不等式.

拔高题型:均值不等式中求最值问题.

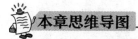
本章思维导图

```
                          ┌ 题型一:根与系数的关系(韦达定理)
                   方程 ──┤ 题型二:根的判断
                          │ 题型三:公共根的问题
                          └ 题型四:根的分布

                          ┌ 题型一:一元一次方程
                          │ 题型二:分式方程
方程及不等式 ── 其他方程 ──┤ 题型三:无理方程
                          │ 题型四:绝对值方程
                          │ 题型五:指数方程
                          └ 题型六:方程与数列、三角形相结合

                          ┌ 题型一:不等式的基本性质
                          │ 题型二:一元一次不等式
                          │ 题型三:一元二次不等式
                          │ 题型四:绝对值不等式
               基本不等式─┤ 题型五:简单的分式不等式
                          │ 题型六:高次不等式
                          │ 题型七:无理及对数不等式
                          └ 题型八:均值不等式
```

专题一　方　程

题型框架

方程
- 题型一：根与系数的关系（韦达定理）
- 题型二：根的判断
- 题型三：公共根的问题
- 题型四：根的分布

真题归类

✱ 题型一：根与系数的关系（韦达定理）

【点拨】(1) $x_1 + x_2 = -\dfrac{b}{a}$；

(2) $x_1 x_2 = \dfrac{c}{a}$；

(3) $\dfrac{1}{x_1} + \dfrac{1}{x_2} = -\dfrac{b}{c}$；

(4) $x_1^2 + x_2^2 = (x_1 + x_2)^2 - 2x_1 x_2$；

(5) $(x_1 - x_2)^2 = (x_1 + x_2)^2 - 4x_1 x_2$；

(6) $|x_1 - x_2| = \dfrac{\sqrt{b^2 - 4ac}}{|a|}$.

1. (1997-1) 若 $x^2 + bx + 1 = 0$ 的两个根为 x_1 和 x_2，且 $\dfrac{1}{x_1} + \dfrac{1}{x_2} = 5$，则 b 的值是（　　）.

A. -10　　　B. -5　　　C. 3　　　D. 5　　　E. 10

2. (1997-10) x_1, x_2 是方程 $6x^2 - 7x + a = 0$ 的两个实根，若 $\dfrac{1}{x_1}$ 和 $\dfrac{1}{x_2}$ 的几何平均值为 $\sqrt{3}$，则 a 的值为（　　）.

A. 2　　　B. 3　　　C. 4　　　D. -2　　　E. -3

3. (1997-10) 已知二次方程 $x^2 - 2ax + 10x + 2a^2 - 4a - 2 = 0$ 有实根，则其两根之积的最小值是（　　）.

A. -4　　　B. -3　　　C. -2　　　D. -1　　　E. -6

4. (1998-10) 若方程 $x^2 + px + 37 = 0$ 恰有两个正整数解 x_1 和 x_2，则 $\dfrac{(x_1+1)(x_2+1)}{p}$ 的值是（　　）.

A. -2　　　B. -1　　　C. $-\dfrac{1}{2}$　　　D. 1　　　E. 2

5.(1999-10)设方程 $3x^2-8x+a=0$ 的两个实根为 x_1 和 x_2,若 $\frac{1}{x_1}$ 和 $\frac{1}{x_2}$ 的算术平均值为2,则 a 的值是( ).

A. -2 B. -1 C. 1   D. $\frac{1}{2}$ E. 2

6.(2000-1)已知方程 $x^3+2x^2-5x-6=0$ 的三个根为 $x_1=-1,x_2,x_3$,则 $\frac{1}{x_2}+\frac{1}{x_3}=$( ).

A. $\frac{1}{6}$ B. $\frac{1}{5}$ C. $\frac{1}{4}$ D. $\frac{1}{3}$

7.(2001-10)已知方程 $3x^2+px+5=0$ 的两个根 x_1 和 x_2 满足 $\frac{1}{x_1}+\frac{1}{x_2}=2$,则 $p=$( ).

A. 10   B. -6 C. 6   D. -10

8.(2002-1)已知方程 $3x^2+5x+1=0$ 的两个根为 α,β,则 $\sqrt{\frac{\beta}{\alpha}}+\sqrt{\frac{\alpha}{\beta}}=$( ).

A. $-\frac{5\sqrt{3}}{3}$ B. $\frac{5\sqrt{3}}{3}$ C. $\frac{\sqrt{3}}{5}$ D. $-\frac{\sqrt{3}}{5}$

9.(2002-10)设方程 $3x^2+mx+5=0$ 的两个实根 x_1,x_2 满足 $\frac{1}{x_1}+\frac{1}{x_2}=1$,则 m 的值为( ).

A. 5   B. -5 C. 3   D. -3

10.(2007-10)若方程 $x^2+px+q=0$ 的一个根是另一个根的2倍,则 p 和 q 应满足( ).

A. $p^2=4q$ B. $2p^2=9q$ C. $4p=9q^2$
D. $2p=3q^2$ E. 以上结论均不正确

11.(2008-10)$\alpha^2+\beta^2$ 的最小值是 $\frac{1}{2}$.

(1)α 与 β 是方程 $x^2-2ax+(a^2+2a+1)=0$ 的两个实根.

(2)$\alpha\beta=\frac{1}{4}$.

12.(2009-1)已知方程 $3x^2+bx+c=0(c\neq0)$ 的两个根为 α,β,方程 $3x^2-bx+c=0$ 的两个根为 $\alpha+\beta,\alpha\beta$,则 b,c 的值为( ).

A. $2,6$ B. $3,6$ C. $-2,-6$
D. $-3,-6$ E. 以上结论均不正确

13.(2011-10)若三次方程 $ax^3+bx^2+cx+d=0$ 的三个不同实根 x_1,x_2,x_3 满足 $x_1+x_2+x_3=0,x_1x_2x_3=0$,则下列关系式中恒成立的是( ).

A. $ac=0$ B. $ac<0$ C. $ac>0$
D. $a+c<0$ E. $a+c>0$

14.(2012-10)a,b 为实数,则 $a^2+b^2=16$.

(1)a 和 b 是方程 $2x^2-8x-1=0$ 的两个根.

(2)$|a-b+3|$ 与 $|2a+b-6|$ 互为相反数.

15. (2015-1) 已知 x_1, x_2 是方程 $x^2-ax-1=0$ 的两个根,则 $x_1^2+x_2^2=$ (   ).

A. a^2+2 B. a^2+1 C. a^2-1 D. a^2-2 E. $a+1$

* **题型二：根的判断**

【点拨】根的判别式：
$$\Delta=b^2-4ac\begin{cases}>0,\text{有两个不相等的实数根,}\\=0,\text{有两个相等的实数根,}\\<0,\text{无实数根.}\end{cases}$$

16. (2001-1) 已知关于 x 的一元二次方程 $k^2x^2-(2k+1)x+1=0$ 有两个相异实根,则 k 的取值范围是(   ).

A. $k>\dfrac{1}{4}$　　　　　　　　B. $k\geqslant\dfrac{1}{4}$

C. $k>-\dfrac{1}{4}$ 且 $k\neq 0$　　　　D. $k\geqslant-\dfrac{1}{4}$ 且 $k\neq 0$

17. (2004-1) x_1, x_2 是方程 $x^2-2(k+1)x+k^2+2=0$ 的两个实根.

(1) $k>\dfrac{1}{2}$.

(2) $k=\dfrac{1}{2}$.

18. (2010-10) 一元二次方程 $ax^2+bx+c=0$ 无实根.

(1) a,b,c 成等比数列,且 $b\neq 0$.

(2) a,b,c 成等差数列.

19. (2012-1) 一元二次方程 $x^2+bx+1=0$ 有两个不同实根.

(1) $b<-2$.

(2) $b>2$.

20. (2013-1) 已知二次函数 $f(x)=ax^2+bx+c$,则方程 $f(x)=0$ 有两个不同实根.

(1) $a+c=0$.

(2) $a+b+c=0$.

21. (2013-10) 设 a 是整数,则 $a=2$.

(1) 二次方程 $ax^2+8x+6=0$ 有实根.

(2) 二次方程 $x^2+5ax+9=0$ 有实根.

22. (2014-1) 方程 $x^2+2(a+b)x+c^2=0$ 有实数根.

(1) a,b,c 是一个三角形的三边长.

(2) 实数 a,c,b 成等差数列.

23. (2019-1) 关于 x 的方程 $x^2+ax+b-1=0$ 有实根.

(1) $a+b=0$.　　　　　　(2) $a-b=0$.

题型三：公共根的问题

> **【点拨】** 使两个或两个以上的一元二次方程左、右两边都相等的未知数的值就是它们的公共根.求解时,可先求得一个方程的解,再代入另一个方程之中进行验证.有时也需设出公共根,联立方程组再进行其他问题的求解.

24.(2006-1)方程 $x^2+ax+2=0$ 与 $x^2-2x-a=0$ 只有一公共实数解.

(1) $a=3$.

(2) $a=-2$.

25.(2010-10) $(\alpha+\beta)^{2009}=1$.

(1) $\begin{cases} x+3y=7, \\ \beta x+\alpha y=1 \end{cases}$ 与 $\begin{cases} 3x-y=1, \\ \alpha x+\beta y=2 \end{cases}$ 有相同的解.

(2) α 与 β 是方程 $x^2+x-2=0$ 的两个根.

题型四：根的分布

> **【点拨】** 此类型题是根据有无实数根、正负根、整数根、有理根及根的取值范围等情况来求参数问题.

(1)有两个正根 $\begin{cases} \Delta \geqslant 0, \\ x_1+x_2=-\dfrac{b}{a}>0, \\ x_1 x_2=\dfrac{c}{a}>0. \end{cases}$

(2)有两个负根 $\begin{cases} \Delta \geqslant 0, \\ x_1+x_2=-\dfrac{b}{a}<0, \\ x_1 x_2=\dfrac{c}{a}>0. \end{cases}$

(3)有一正一负根 $\begin{cases} \Delta>0, \\ x_1 x_2=\dfrac{c}{a}<0, \end{cases}$ 技巧：a,c 异号.

$\begin{cases} |正|>|负| \Rightarrow x_1+x_2=-\dfrac{b}{a}>0, x_1 x_2=\dfrac{c}{a}<0, \\ |负|>|正| \Rightarrow x_1+x_2=-\dfrac{b}{a}<0, x_1 x_2=\dfrac{c}{a}<0. \end{cases}$

(4)有两个根,一根比 m 大,一根比 m 小,则 $a \cdot f(m)<0$.

(5)有两个有理根:$\Delta=b^2-4ac$ 为完全平方数.

(6)有两个整数根 $\begin{cases} \Delta = b^2 - 4ac \text{ 为完全平方数,} \\ x_1 + x_2 = -\dfrac{b}{a} \text{ 为整数,} \\ x_1 x_2 = \dfrac{c}{a} \text{ 为整数.} \end{cases}$

26. (1998-1) 要使方程 $3x^2+(m-5)x+m^2-m-2=0$ 的两根 x_1, x_2 分别满足 $0<x_1<1$ 和 $1<x_2<2$, 实数 m 的取值范围应是( ).

   A. $-2<m<-1$ 　　　B. $-4<m<-1$ 　　　C. $-4<m<-2$

   D. $\dfrac{-1-\sqrt{65}}{2}<m<-1$ 　　　E. $-3<m<1$

27. (1999-10) 已知方程 $x^2-6x+8=0$ 有两个相异实根, 下列方程中仅有一根在已知方程两根之间的方程是( ).

   A. $x^2+6x+9=0$ 　　　B. $x^2-2\sqrt{2}x+2=0$ 　　　C. $x^2-4x+2=0$

   D. $x^2-5x+7=0$ 　　　E. $x^2-6x+5=0$

28. (2005-1) 方程 $4x^2+(a-2)x+a-5=0$ 有两个不等的负实根.

   (1) $a<6$.

   (2) $a>5$.

29. (2005-10) 方程 $x^2+ax+b=0$ 有一正一负两个实数根.

   (1) $b=-C_4^3$.

   (2) $b=-C_7^5$.

30. (2008-1) 方程 $2ax^2-2x-3a+5=0$ 的一个根大于1, 另一个根小于1.

   (1) $a>3$.

   (2) $a<0$.

31. (2009-10) 若关于 x 的二次方程 $mx^2-(m-1)x+m-5=0$ 有两个实根 α, β, 且满足 $-1<\alpha<0$ 和 $0<\beta<1$, 则 m 的取值范围是( ).

   A. $3<m<4$ 　　　B. $4<m<5$ 　　　C. $5<m<6$

   D. $m>6$ 或 $m<5$ 　　　E. $m>5$ 或 $m<4$

32. (2009-10) 关于 x 的方程 $a^2x^2-(3a^2-8a)x+2a^2-13a+15=0$ 至少有一个整数根.

   (1) $a=3$.

   (2) $a=5$.

专题二　其他方程

题型框架

其他方程
- 题型一：一元一次方程
- 题型二：分式方程
- 题型三：无理方程
- 题型四：绝对值方程
- 题型五：指数方程
- 题型六：方程与数列、三角形相结合

真题归类

题型一：一元一次方程

【点拨】 该类型题的标志是将方程中的未知数表达式其中一部分看错，求解参数问题．

1. (2008-10)某学生在解方程 $\dfrac{ax+1}{3}-\dfrac{x+1}{2}=1$ 时，误将式中的 $x+1$ 看成 $x-1$，得出的解为 $x=1$，那么 a 的值和原方程的解应是（　　）．

   A. $a=1, x=7$　　B. $a=2, x=5$　　C. $a=2, x=7$　　D. $a=5, x=2$　　E. $a=5, x=\dfrac{1}{7}$

2. (2014-10) $\dfrac{x}{2}+\dfrac{x}{3}+\dfrac{x}{6}=-1$，则 $x=$（　　）．

   A. -2　　　　　B. -1　　　　　C. 0　　　　　D. 1　　　　　E. 2

题型二：分式方程

【点拨】 分式方程去分母变成整式方程，一定要验根，保证分母不为零．

3. (2007-10)方程 $\dfrac{a}{x^2-1}+\dfrac{1}{x+1}+\dfrac{1}{x-1}=0$ 有实数根．

   (1)实数 $a\neq 2$．
   (2)实数 $a\neq -2$．

4. (2009-10)关于 x 的方程 $\dfrac{1}{x-2}+3=\dfrac{1-x}{2-x}$ 与 $\dfrac{x+1}{x-|a|}=2-\dfrac{3}{|a|-x}$ 有相同的增根．

   (1) $a=2$．
   (2) $a=-2$．

题型三：无理方程

【点拨】 无理方程就是根号下含有未知数（被开方数含有未知数）的方程，无理方程又叫根式方程. 解无理方程的关键是要去掉根号，将其转化为整式方程. 求解此类方程很重要的一点是定义域，要注意验根.

5. (2001-10) 已知 $\sqrt{x^3+2x^2}=-x\sqrt{2+x}$，则 x 的取值范围是（　　）.

   A. $x<0$　　　　　　　　　　　　B. $x\geqslant -2$

   C. $-2\leqslant x\leqslant 0$　　　　　　　　D. $-2<x<0$

6. (2007-1) 方程 $\sqrt{x-p}=x$ 有两个不相等的正根.

   (1) $p\geqslant 0$.

   (2) $p<\dfrac{1}{4}$.

题型四：绝对值方程

【点拨】 绝对值符号中含有未知数的方程叫作绝对值方程. 绝对值方程属于代数方程的一种，但也可以与无理方程、分式方程结合. 绝对值方程求解主要有三种解法，即零点分段法、平方法、几何意义法.

7. (2002-1) 已知关于 x 的方程 $x^2-6x+(a-2)|x-3|+9-2a=0$ 有两个不同的实数根，则系数 a 的取值范围是（　　）.

   A. $a>0$　　　　　　　　　　　　B. $a<0$

   C. $a>0$ 或 $a=-2$　　　　　　　　D. $a=-2$

8. (2007-1) 如果方程 $|x|=ax+1$ 有一个负根，那么 a 的取值范围是（　　）.

   A. $a<1$　　B. $a=1$　　C. $a>-1$　　D. $a<-1$　　E. 以上结论均不正确

9. (2009-1) 方程 $|x-|2x+1||=4$ 的根是（　　）.

   A. $x=-5$ 或 $x=1$　　　　　　　　B. $x=5$ 或 $x=-1$

   C. $x=3$ 或 $x=-\dfrac{5}{3}$　　　　　　　D. $x=-3$ 或 $x=\dfrac{5}{3}$

   E. 不存在

题型五：指数方程

【点拨】 解指数方程的思路是先把指数式去掉，再化为代数方程求解. 一般用换元法将指数方程转化为一元二次方程.

10. (2000-1)解方程 $4^{x-\frac{1}{2}}+2^x=1$，则（　　）.

   A. 方程有两个正实根
   B. 方程只有一个正实根
   C. 方程只有一个负实根
   D. 方程有一正一负两个实根
   E. 方程有两个负实根

★ 题型六：方程与数列、三角形相结合

> 【点拨】(1)一元二次方程与等差或等比数列相结合，利用数列的性质来解题；
> (2)一元二次方程与三角形相结合，如求三角形面积或判别三角形形状问题.

11. (1998-1)已知 a,b,c 三数成等差数列，又成等比数列，设 α,β 是方程 $ax^2+bx-c=0$ 的两个根，且 $\alpha>\beta$，则 $\alpha^3\beta-\alpha\beta^3=$（　　）.

    A. $\sqrt{5}$　　B. $\sqrt{2}$　　C. $\sqrt{3}$　　D. $\sqrt{7}$　　E. $\sqrt{11}$

12. (1999-1)若方程 $(a^2+c^2)x^2-2c(a+b)x+b^2+c^2=0$ 有实根，则（　　）.

    A. a,b,c 成等比数列
    B. a,c,b 成等比数列
    C. b,a,c 成等比数列
    D. a,b,c 成等差数列
    E. b,a,c 成等差数列

13. (1999-1)在等腰三角形 ABC 中 $AB=AC$，$BC=\frac{2\sqrt{2}}{3}$，且 AB,AC 的长分别是方程 $x^2-\sqrt{2}mx+\frac{3m-1}{4}=0$ 的两个根，则 $\triangle ABC$ 的面积为（　　）.

    A. $\frac{\sqrt{5}}{9}$　　B. $\frac{2\sqrt{5}}{9}$　　C. $\frac{5\sqrt{5}}{9}$　　D. $\frac{\sqrt{5}}{3}$　　E. $\frac{\sqrt{5}}{18}$

14. (2000-10)已知 a,b,c 是 $\triangle ABC$ 的三条边长，并且 $a=c=1$，若 $(b-x)^2-4(a-x)(c-x)=0$ 有相同实根，则 $\triangle ABC$ 为（　　）.

    A. 等边三角形
    B. 等腰三角形
    C. 直角三角形
    D. 钝角三角形

15. (2008-1)方程 $x^2-(1+\sqrt{3})x+\sqrt{3}=0$ 的两根分别为等腰三角形的腰 a 和底 $b(a<b)$，则该等腰三角形的面积是（　　）.

    A. $\frac{\sqrt{11}}{4}$　　B. $\frac{\sqrt{11}}{8}$　　C. $\frac{\sqrt{3}}{4}$　　D. $\frac{\sqrt{3}}{5}$　　E. $\frac{\sqrt{3}}{8}$

16. (2008-10)方程 $3x^2+[2b-4(a+c)]x+(4ac-b^2)=0$ 有相等的实根.

    (1) a,b,c 是等边三角形的三条边.
    (2) a,b,c 是等腰三角形的三条边.

17. (2010-10)等比数列 $\{a_n\}$ 中，a_3,a_8 是方程 $3x^2+2x-18=0$ 的两个根，则 $a_4a_7=$（　　）.

    A. -9　　B. -8　　C. -6　　D. 6　　E. 8

18. (2013-1)已知 $\{a_n\}$ 为等差数列，若 a_2 与 a_{10} 是方程 $x^2-10x-9=0$ 的两个根，则 $a_5+a_7=$（　　）.

    A. -10　　B. -9　　C. 9　　D. 10　　E. 12

19.(2013-10)设 a,b 为常数,则关于 x 的二次方程 $(a^2+1)x^2+2(a+b)x+b^2+1=0$ 具有重实根.

(1) $a,1,b$ 成等差数列.

(2) $a,1,b$ 成等比数列.

专题三　基本不等式

题型框架

基本不等式
- 题型一:不等式的基本性质
- 题型二:一元一次不等式
- 题型三:一元二次不等式
- 题型四:绝对值不等式
- 题型五:简单的分式不等式
- 题型六:高次不等式
- 题型七:无理及对数不等式
- 题型八:均值不等式

真题归类

题型一：不等式的基本性质

【点拨】(1)传递性: $a>b, b>c \Rightarrow a>c$；

(2)同向相加性: $\begin{cases} a>b, \\ c>d \end{cases} \Rightarrow a+c>b+d$；

(3)同向皆正相乘性: $\begin{cases} a>b>0, \\ c>d>0 \end{cases} \Rightarrow ac>bd$；

(4)皆正倒数性: $a>b>0 \Rightarrow \dfrac{1}{b}>\dfrac{1}{a}>0$；

(5)皆正乘方性: $a>b>0 \Rightarrow a^n>b^n>0 (n \in \mathbf{R}^+)$.

1.(2001-10)若 $a>b>0, k>0$,则下列不等式中能够成立的是(　　).

A. $-\dfrac{b}{a}<-\dfrac{b+k}{a+k}$

B. $\dfrac{a}{b}>\dfrac{a-k}{b-k}$

C. $-\dfrac{b}{a}>-\dfrac{b+k}{a+k}$

D. $\dfrac{a}{b}<\dfrac{a-k}{b-k}$

2.(2007-10)$x > y$.

(1)若 x 和 y 都是正整数,且 $x^2 < y$.

(2)若 x 和 y 都是正整数,且 $\sqrt{x} < y$.

3.(2008-1)$ab^2 < cb^2$.

(1)实数 a,b,c 满足 $a+b+c=0$.

(2)实数 a,b,c 满足 $a<b<c$.

4.(2012-1)已知 a,b 是实数,则 $a>b$.

(1)$a^2 > b^2$.

(2)$a^2 > b$.

5.(2014-10)$x \geqslant 2\ 014$.

(1)$x > 2\ 014$.

(2)$x = 2\ 014$.

6.(2015-1)已知 a,b 为实数,则 $a \geqslant 2$ 或 $b \geqslant 2$.

(1)$a+b \geqslant 4$.

(2)$ab \geqslant 4$.

7.(2016-1)设 x,y 是实数,则 $x \leqslant 6, y \leqslant 4$.

(1)$x \leqslant y+2$.

(2)$2y \leqslant x+2$.

✳ **题型二:一元一次不等式**

【点拨】解一元一次不等式的一般步骤:

①去分母;

②去括号;

③移项;

④合并同类项;

⑤系数化为1.

其中第⑤步当系数是负数时,不等号的方向要改变.

8.(2010-10)不等式 $3ax - \dfrac{5}{2} \leqslant 2a$ 的解集是 $x \leqslant \dfrac{3}{2}$.

(1)直线 $\dfrac{x}{a} + \dfrac{y}{b} = 1$ 与 x 轴的交点是 $(1,0)$.

(2)方程 $\dfrac{3x-1}{2} - a = \dfrac{1-a}{3}$ 的根为 $x=1$.

题型三：一元二次不等式

【点拨】

	$\Delta>0$	$\Delta=0$	$\Delta<0$
$a>0$			
$y=ax^2+bx+c$ 的图像	图像（交x轴于x_1, x_2）	图像（与x轴相切于$x_1=x_2$）	图像（不与x轴相交）
$ax^2+bx+c=0$ 的根	有两个相异实根 $x_1, x_2 (x_1<x_2)$	有两个相等实根 $x_1=x_2=-\dfrac{b}{2a}$	无实根
$ax^2+bx+c>0$ 的解集	$\{x\mid x<x_1 \text{ 或 } x>x_2\}$	$\left\{x\mid x\neq -\dfrac{b}{2a}\right\}$	$\mathbf{R}$
$ax^2+bx+c<0$ 的解集	$\{x\mid x_1<x<x_2\}$	$\varnothing$	$\varnothing$

9. (1998-1) 一元二次不等式 $3x^2-4ax+a^2<0(a<0)$ 的解集是（　　）.

A. $\dfrac{a}{3}<x<a$ B. $x>a$ 或 $x<\dfrac{a}{3}$ C. $a<x<\dfrac{a}{3}$

D. $x>\dfrac{a}{3}$ 或 $x<a$ E. $a<x<3a$

10. (2000-10) 已知 $-2x^2+5x+c\geqslant 0$ 的解集为 $-\dfrac{1}{2}\leqslant x\leqslant 3$，则 c 为（　　）.

A. $\dfrac{1}{3}$ B. 3   C. $-\dfrac{1}{3}$ D. -3

11. (2002-10) 不等式 $4+5x^2>x$ 的解集是（　　）.

A. 全体实数   B. $(-5,-1)$ C. $(-4,2)$ D. 空集

12. (2003-10) 不等式 $(k+3)x^2-2(k+3)x+k-1<0$，对 x 的任意数值都成立.

(1) $k=0$.   (2) $k=-3$.

13. (2005-1) 满足不等式 $(x+4)(x+6)+3>0$ 的所有实数 x 的集合是（　　）.

A. $[4,+\infty)$ B. $(4,+\infty)$ C. $(-\infty,-2]$ D. $(-\infty,-1)$ E. $(-\infty,+\infty)$

14. (2005-10) $4x^2-4x<3$.

(1) $x\in\left(-\dfrac{1}{4},\dfrac{1}{2}\right)$.   (2) $x\in(-1,0)$.

15. (2006-10) 已知不等式 $ax^2+2x+2>0$ 的解集是 $\left(-\dfrac{1}{3},\dfrac{1}{2}\right)$，则 $a=$（　　）.

A. −12　　　　　B. 6　　　　　C. 0　　　　　D. 12　　　　　E. 以上结论均不正确

16. (2007-10) $x^2+x-6>0$ 的解集是(　　).

A. $(-\infty,-3)$　　　　　B. $(-3,2)$　　　　　C. $(2,+\infty)$

D. $(-\infty,-3)\cup(2,+\infty)$　　　　　E. 以上结论均不正确

17. (2008-10) 若 $y^2-2\left(\sqrt{x}+\dfrac{1}{\sqrt{x}}\right)y+3<0$ 对一切正实数 x 恒成立,则 y 的取值范围是(　　).

A. $1<y<3$　　　　　B. $2<y<4$　　　　　C. $1<y<4$

D. $3<y<5$　　　　　E. $2<y<5$

18. (2011-10) 不等式 $ax^2+(a-6)x+2>0$ 对所有实数 x 都成立.

(1) $0<a<3$.

(2) $1<a<5$.

19. (2012-10) 若不等式 $\dfrac{(x-a)^2+(x+a)^2}{x}>4$ 对 $x\in(0,+\infty)$ 恒成立,则常数 a 的取值范围是(　　).

A. $(-\infty,-1)$　　　　　B. $(1,+\infty)$　　　　　C. $(-1,1)$

D. $(-1,+\infty)$　　　　　E. $(-\infty,-1)\cup(1,+\infty)$

✦ 题型四：绝对值不等式

【点拨】绝对值不等式的核心思想是先去掉绝对值符号转化为一般不等式,再求解,其方法如下.

(1) 零点分段讨论法.

$$|f(x)|=\begin{cases}f(x),&f(x)>0,\\-f(x),&f(x)<0.\end{cases}$$

(2) 公式法.

$$|f(x)|<a(a>0)\Rightarrow -a<f(x)<a,$$
$$|f(x)|>a(a>0)\Rightarrow f(x)>a \text{ 或 } f(x)<-a.$$

(3) 平方法.

$$|f(x)|>|g(x)|\Rightarrow |f(x)|^2>|g(x)|^2$$
$$\Rightarrow [f(x)+g(x)][f(x)-g(x)]>0.$$

20. (2010-1) $a|a-b|\geq|a|(a-b)$.

(1) 实数 $a>0$.

(2) 实数 a,b 满足 $a>b$.

21. (2012-10) $x^2-x-5>|2x-1|$.

(1) $x>4$.

(2) $x<-1$.

22. (2014-1) 不等式 $|x^2+2x+a| \leqslant 1$ 的解集为空集.

   (1) $a<0$.　　　　　　　　　　(2) $a>2$.

23. (2017-1) 不等式 $|x-1|+x \leqslant 2$ 的解集为(　　).

   A. $(-\infty, 1]$　　　　　　B. $\left(-\infty, \dfrac{3}{2}\right]$　　　　　　C. $\left[1, \dfrac{3}{2}\right]$

   D. $[1, +\infty)$　　　　　　E. $\left[\dfrac{3}{2}, +\infty\right)$

24. (2020-1) 设 $A=\{x \mid |x-a|<1, x \in \mathbf{R}\}$, $B=\{x \mid |x-b|<2, x \in \mathbf{R}\}$, 则 $A \subseteq B$ 的充分必要条件是(　　).

   A. $|a-b| \leqslant 1$　　　　　　B. $|a-b| \geqslant 1$　　　　　　C. $|a-b|<1$

   D. $|a-b|>1$　　　　　　　E. $|a-b|=1$

✱ 题型五：简单的分式不等式

> 【点拨】简单的分式不等式主要考查其解法，在分母不确定的情况下，不要轻易去分母，一定要先移项再通分合并求解，它的标准形分为以下几种情况.
>
> (1) $\dfrac{f(x)}{g(x)} > p(x) \Rightarrow \dfrac{f(x)-p(x)g(x)}{g(x)} > 0 \Rightarrow [f(x)-p(x)g(x)]g(x) > 0$；
>
> (2) $\dfrac{f(x)}{g(x)} < p(x) \Rightarrow \dfrac{f(x)-p(x)g(x)}{g(x)} < 0 \Rightarrow [f(x)-p(x)g(x)]g(x) < 0$；
>
> (3) $\dfrac{f(x)}{g(x)} \geqslant p(x) \Rightarrow \dfrac{f(x)-p(x)g(x)}{g(x)} \geqslant 0 \Rightarrow [f(x)-p(x)g(x)]g(x) \geqslant 0 (g(x) \neq 0)$；
>
> (4) $\dfrac{f(x)}{g(x)} \leqslant p(x) \Rightarrow \dfrac{f(x)-p(x)g(x)}{g(x)} \leqslant 0 \Rightarrow [f(x)-p(x)g(x)]g(x) \leqslant 0 (g(x) \neq 0)$.

25. (2001-1) 设 $0<x<1$，则不等式 $\dfrac{3x^2-2}{x^2-1}>1$ 的解集是(　　).

   A. $0<x<\dfrac{1}{\sqrt{2}}$　　　　　　B. $\dfrac{1}{\sqrt{2}}<x<1$

   C. $0<x<\sqrt{\dfrac{2}{3}}$　　　　　　D. $\sqrt{\dfrac{2}{3}}<x<1$

26. (2004-10) $\dfrac{c}{a+b}<\dfrac{a}{b+c}<\dfrac{b}{c+a}$.

   (1) $0<c<a<b$.

   (2) $0<a<b<c$.

27. (2013-10) 不等式 $\dfrac{x^2-2x+3}{x^2-5x+6} \geqslant 0$ 的解集是(　　).

   A. $(2,3)$　　　　　　B. $(-\infty, 2]$　　　　　　C. $[3, +\infty)$

   D. $(-\infty, 2] \cup [3, +\infty)$　　　　　　E. $(-\infty, 2) \cup (3, +\infty)$

28. (2014-10) x 是实数,则 x 的取值范围是 $(0,1)$.

(1) $x < \dfrac{1}{x}$.

(2) $2x > x^2$.

※ **题型六:高次不等式**

> 【点拨】该类型题的标志是
> $$\dfrac{(\ )(\ )(\ )(\ )\cdots(\ )}{(\ )(\ )(\ )(\ )\cdots(\ )} > (<)\, 0 \Rightarrow (\ )(\ )(\ )(\ )\cdots(\ ) > (<)\, 0.$$
> 方法:穿线法.
> (1)保证最高项系数为正;(2)从大根开始由上向下穿;(3)奇数次幂穿,偶数次幂不穿.

29. (1999-10) 不等式 $(x^4-4)-(x^2-2) \geqslant 0$ 的解集是( ).

A. $x \geqslant \sqrt{2}$ 或 $x \leqslant -\sqrt{2}$ B. $-\sqrt{2} \leqslant x \leqslant \sqrt{2}$ C. $x < -\sqrt{3}$ 或 $x > \sqrt{3}$

D. $-\sqrt{2} < x < \sqrt{2}$ E. 空集

30. (2008-1) $(2x^2+x+3)(-x^2+2x+3) < 0$.

(1) $x \in [-3,-2]$.   (2) $x \in (4,5)$.

31. (2009-1) $(x^2-2x-8)(2-x)(2x-2x^2-6) > 0$.

(1) $x \in (-3,-2)$.   (2) $x \in [2,3]$.

※ **题型七:无理及对数不等式**

> 【点拨】1.无理不等式是一种代数不等式,指含有无理式的代数不等式.解无理不等式的一般方法如下.
> (1)确定未知数的允许值范围;
> (2)通过变形化去不等式中的根号,把它转化为不含根式的不等式、不等式组或混合组.
> 2.对数不等式一般转化为代数不等式,主要利用单调性去掉底数,一般解题方法如下.
> (1)确定变量的取值范围;
> (2)所给对数的底数是未知参数时,要考虑不等号是否改变方向.

32. (2007-10) $\sqrt{1-x^2} < x+1$.

(1) $x \in [-1,0]$.   (2) $x \in \left(0, \dfrac{1}{2}\right]$.

33. (2009-1) $|\log_a x| > 1$.

(1) $x \in [2,4], \dfrac{1}{2} < a < 1$.

(2) $x \in [4,6], 1 < a < 2$.

✱ 题型八：均值不等式

【点拨】(1)算术平均值.

设 n 个数 $x_1, x_2, \cdots, x_n$，称 $\bar{x} = \dfrac{x_1+x_2+\cdots+x_n}{n}$ 为这 n 个数的算术平均值.

(2)几何平均值.

设 n 个正数 $x_1, x_2, \cdots, x_n$，称 $x_g = \sqrt[n]{x_1 x_2 \cdots x_n}$ 为这 n 个正数的几何平均值.

注意：几何平均值是对于正数而言的.

(3)均值不等式.

①当 $x_1, x_2, \cdots, x_n$ 为 n 个正数时，它们的算术平均值不小于它们的几何平均值，即

$$\frac{x_1+x_2+\cdots+x_n}{n} \geqslant \sqrt[n]{x_1 x_2 \cdots x_n} \ (x_i > 0, i=1,2,\cdots,n).$$

当且仅当 $x_1 = x_2 = \cdots = x_n$ 时，等号成立.

②运用均值不等式求最值的口诀：一正数、二定值、三相等.

34.(2005-10) a, b, c 的算术平均值是 $\dfrac{14}{3}$，则几何平均值是 4.

(1) a, b, c 是满足 $a > b > c > 1$ 的三个整数，$b = 4$.

(2) a, b, c 是满足 $a > b > c > 1$ 的三个整数，$b = 2$.

35.(2006-1) 如果 x_1, x_2, x_3 三个数的算术平均值为 5，则 x_1+2, x_2-3, x_3+6 与 8 的算术平均值为 (   ).

A. $3\dfrac{1}{4}$　　　B. $6\dfrac{1}{2}$　　　C. 7　　　D. $9\dfrac{1}{3}$　　　E. 以上结论均不正确

36.(2007-1) 设变量 $x_1, x_2, \cdots, x_{10}$ 的算术平均值为 $\bar{x}$. 若 $\bar{x}$ 为定值，则 $x_i (i=1,2,\cdots,10)$ 中可以任意取值的变量有 (   ) 个.

A. 10　　　B. 9　　　C. 2　　　D. 1　　　E. 0

37.(2007-10) 三个实数 x_1, x_2, x_3 的算术平均数为 4.

(1) x_1+6, x_2-2, x_3+5 的算术平均数为 4.

(2) x_2 为 x_1 和 x_3 的等差中项，且 $x_2 = 4$.

38.(2009-10) $a+b+c+d+e$ 的最大值是 133.

(1) a, b, c, d, e 是大于 1 的自然数，且 $abcde = 2\,700$.

(2) a, b, c, d, e 是大于 1 的自然数，且 $abcde = 2\,000$.

39.(2009-10) $\dfrac{1}{a} + \dfrac{1}{b} + \dfrac{1}{c} > \sqrt{a} + \sqrt{b} + \sqrt{c}$.

(1) $abc = 1$.

(2) a, b, c 为不全相等的正数.

40.(2019-1)设函数 $f(x)=2x+\dfrac{a}{x^2}(a>0)$ 在 $(0,+\infty)$ 内的最小值为 $f(x_0)=12$,则 $x_0=(\quad)$.

A. 5　　　　　B. 4　　　　　C. 3　　　　　D. 2　　　　　E. 1

41.(2020-1)设 a,b 是正实数,则 $\dfrac{1}{a}+\dfrac{1}{b}$ 存在最小值.

(1)已知 ab 的值.

(2)已知 a,b 是方程 $x^2-(a+b)x+2=0$ 的不同实根.

42.(2020-1)设 a,b,c,d 是正实数,则 $\sqrt{a}+\sqrt{d}\leqslant\sqrt{2(b+c)}$.

(1)$a+d=b+c$.

(2)$ad=bc$.

第五章 数 列

真题统计

专题	题型	问题求解题	条件充分性判断题	总计
数列的基本概念	a_n与S_n的关系	3	1	4
等差数列	等差数列的判定	2	3	22
	已知等差数列求参数问题	5	5	
	等差数列的性质	3	2	
	等差数列求平均值	2		
等比数列	等比数列的基本定义及性质	7	4	45
	等差数列与等比数列相结合出题	7	6	
	数列最值问题	2	2	
	数列递推性	4	6	
	数列有关的文字应用题	6	1	

真题分析

数列题是每年必考的题目,一般为2~3道.主要围绕四个方向出题,一是由等差数列、等比数列的基本公式和性质进行命题;二是数列的应用题;三是由数列递推性构造新的数列;四是数列的综合题(数列与二次函数、方程、均值不等式相结合).

该表格按照专题(3个)、考试题型(10种)、考试形式(问题求解和条件充分性判断)统计了1月联考和10月在职考试真题.本章以相同题型为前提,以年份为顺序进行统计,共包含问题求解题41道,条件充分性判断题30道,总计71道题.要求考生利用好每一道真题,掌握基本概念、基本题型和基本方法,透过真题厘清命题思路,把握考试方向.

高频题型:等差数列、等比数列的性质,数列的应用题.

拔高题型:由数列递推性构造新的数列,数列的综合题.

本章思维导图

数列
- 数列的基本概念—题型: a_n 与 S_n 的关系
- 等差数列
  - 题型一: 等差数列的判定
  - 题型二: 已知等差数列求参数问题
  - 题型三: 等差数列的性质
  - 题型四: 等差数列求平均值
- 等比数列
  - 题型一: 等比数列的基本定义及性质
  - 题型二: 等差数列与等比数列相结合出题
  - 题型三: 数列最值问题
  - 题型四: 数列递推性
  - 题型五: 数列有关的文字应用题

专题一 数列的基本概念

题型框架

数列的基本概念—题型: a_n 与 S_n 的关系

 真题归类

* **题型: a_n 与 S_n 的关系**

【点拨】牢记公式: $a_n=\begin{cases} a_1=S_1, & n=1, \\ S_n-S_{n-1}, & n\geq 2. \end{cases}$

1. (2003-10) 数列 $\{a_n\}$ 的前 n 项和是 $S_n=4n^2+n-2$, 则它的通项 a_n 是( ).

A. $8n-3$ B. $4n+1$ C. $8n-2$

D. $8n-5$ E. $\begin{cases} 3, & n=1, \\ 8n-3, & n\geq 2 \end{cases}$

2. (2008-1) 如果数列 $\{a_n\}$ 的前 n 项和 $S_n=\dfrac{3}{2}a_n-3$, 那么这个数列的通项公式是( ).

A. $a_n=2(n^2+n+1)$ B. $a_n=3\times 2^n$ C. $a_n=3n+1$

D. $a_n=2\times 3^n$ E. 以上均不正确

3. (2009-1) 若数列 $\{a_n\}$ 中, $a_n\neq 0(n\geq 1)$, $a_1=\dfrac{1}{2}$, 前 n 项和 S_n 满足 $a_n=\dfrac{2S_n^2}{2S_n-1}(n\geq 2)$, 则 $\left\{\dfrac{1}{S_n}\right\}$ 是( ).

A. 首项为 2,公比为 $\frac{1}{2}$ 的等比数列   B. 首项为 2,公比为 2 的等比数列

C. 既非等差也非等比数列   D. 首项为 2,公差为 $\frac{1}{2}$ 的等差数列

E. 首项为 2,公差为 2 的等差数列

4. (2015-1)已知 $M=(a_1+a_2+\cdots+a_{n-1})\cdot(a_2+a_3+\cdots+a_n)$,$N=(a_1+a_2+\cdots+a_n)\cdot(a_2+a_3+\cdots+a_{n-1})$,则 $M>N$.

(1) $a_1>0$.

(2) $a_1 a_n>0$.

专题二　等差数列

题型框架

等差数列
- 题型一:等差数列的判定
- 题型二:已知等差数列求参数问题
- 题型三:等差数列的性质
- 题型四:等差数列求平均值

真题归类

✱ 题型一:等差数列的判定

【点拨】可以从两个方向来判定.

一是 $a_n=dn+(a_1-d),d\neq 0,a_n$ 是关于 n 的一次函数.

二是 $S_n=\frac{d}{2}n^2+\left(a_1-\frac{d}{2}\right)n,d\neq 0,S_n$ 是关于 n 的二次函数.

1. (2002-10)设 $3^a=4,3^b=8,3^c=16$,则 a,b,c (　　).

A. 是等比数列,但不是等差数列   B. 是等差数列,但不是等比数列

C. 既是等比数列,也是等差数列   D. 既不是等比数列,也不是等差数列

2. (2004-1)方程组 $\begin{cases} x+y=a, \\ y+z=4, \\ z+x=2, \end{cases}$ 得 x,y,z 成等差数列.

(1) $a=1$.

(2) $a=0$.

3. (2008-10)下列通项公式表示的数列为等差数列的是( ).

A. $a_n = \dfrac{n}{n-1}$ B. $a_n = n^2 - 1$ C. $a_n = 5n + (-1)^n$

D. $a_n = 3n - 1$ E. $a_n = \sqrt{n} - \sqrt[3]{n}$

4. (2011-1)实数 a, b, c 成等差数列.

(1) e^a, e^b, e^c 成等比数列.   (2) $\ln a, \ln b, \ln c$ 成等差数列.

5. (2019-1)设数列 $\{a_n\}$ 的前 n 项和为 S_n,则数列 $\{a_n\}$ 是等差数列.

(1) $S_n = n^2 + 2n, n = 1, 2, 3, \cdots$.

(2) $S_n = n^2 + 2n + 1, n = 1, 2, 3, \cdots$.

✶ 题型二：已知等差数列求参数问题

【点拨】知道五个参数 a_1, n, d, a_n, S_n 中任意三个量就可以求另外两个参数.

6. (1997-1)某一等差数列中,$a_1 = 2, a_4 + a_5 = -3$,该等差数列的公差是( ).

A. -2 B. -1 C. 1   D. 2   E. 3

7. (2006-1)若 $6, a, c$ 成等差数列,且 $36, a^2, -c^2$ 也成等差数列,则 c 为( ).

A. -6 B. 2   C. 3 或 -2 D. -6 或 2   E. 以上都不正确

8. (2007-10)已知等差数列 $\{a_n\}$ 中 $a_2 + a_3 + a_{10} + a_{11} = 64$,则 $S_{12} = ($).

A. 64   B. 81   C. 128   D. 192   E. 188

9. (2008-10) $a_1 a_8 < a_4 a_5$.

(1) $\{a_n\}$ 为等差数列,且 $a_1 > 0$.   (2) $\{a_n\}$ 为等差数列,且公差 $d \neq 0$.

10. (2009-10)等差数列 $\{a_n\}$ 的前 18 项和 $S_{18} = \dfrac{19}{2}$.

(1) $a_3 = \dfrac{1}{6}, a_6 = \dfrac{1}{3}$.   (2) $a_3 = \dfrac{1}{4}, a_6 = \dfrac{1}{2}$.

11. (2010-1)已知数列 $\{a_n\}$ 为等差数列,公差为 $d, a_1 + a_2 + a_3 + a_4 = 12$,则 $a_4 = 0$.

(1) $d = -2$.   (2) $a_2 + a_4 = 4$.

12. (2011-1)已知 $\{a_n\}$ 为等差数列,则该数列的公差为零.

(1)对任何正整数 n,都有 $a_1 + a_2 + \cdots + a_n \leqslant n$.

(2) $a_2 \geqslant a_1$.

13. (2011-10)若等差数列 $\{a_n\}$ 满足 $5a_7 - a_3 - 12 = 0$,则 $\sum\limits_{k=1}^{15} a_k = ($).

A. 15   B. 24   C. 30   D. 45   E. 60

14. (2012-10)在等差数列 $\{a_n\}$ 中 $a_2 = 4, a_4 = 8$,若 $\sum\limits_{k=1}^{n} \dfrac{1}{a_k a_{k+1}} = \dfrac{5}{21}$,则 $n = ($).

A. 16   B. 17   C. 19   D. 20   E. 21

15. (2015-1) 设 $\{a_n\}$ 是等差数列,则能确定数列 $\{a_n\}$.
   (1) $a_1+a_6=0$.　　　　　　　(2) $a_1 a_6=-1$.

✱ 题型三：等差数列的性质

> 【点拨】(1) 若 $m,n,l,k\in \mathbf{Z}^+$, $m+n=l+k$, 则 $a_m+a_n=a_l+a_k$;
> (2) $\{a_n\}$ 为等差数列, S_n 为前 n 项和, 则 $S_n, S_{2n}-S_n, S_{3n}-S_{2n}, \cdots$ 仍为等差数列, 其公差为 $n^2 d$;
> (3) $\{a_n\}$ 为等差数列, 其前 n 项和为 S_n; $\{b_n\}$ 为等差数列, 其前 n 项和为 T_n, 则 $\dfrac{a_k}{b_k}=\dfrac{S_{2k-1}}{T_{2k-1}}$.

16. (1998-10) 若在等差数列中前 5 项和 $S_5=15$, 前 15 项和 $S_{15}=120$, 则前 10 项和 S_{10} 为(　　).
   A. 40　　　B. 45　　　C. 50　　　D. 55　　　E. 60

17. (2009-1) $\{a_n\}$ 的前 n 项和 S_n 与 $\{b_n\}$ 的前 n 项和 T_n 满足 $S_{19}:T_{19}=3:2$.
   (1) $\{a_n\}$ 和 $\{b_n\}$ 是等差数列.　　　(2) $a_{10}:b_{10}=3:2$.

18. (2014-1) 已知 $\{a_n\}$ 为等差数列, 且 $a_2-a_5+a_8=9$, 则 $a_1+a_2+\cdots+a_9=$(　　).
   A. 27　　　B. 45　　　C. 54　　　D. 81　　　E. 162

19. (2014-10) 等差数列 $\{a_n\}$ 的前 n 项和为 S_n, 已知 $S_3=3$, $S_6=24$, 则此等差数列的公差等于(　　).
   A. 3　　　B. 2　　　C. 1　　　D. $\dfrac{1}{2}$　　　E. $\dfrac{1}{3}$

20. (2018-1) 设 $\{a_n\}$ 为等差数列, 则能确定 $a_1+a_2+\cdots+a_9$ 的值.
   (1) 已知 a_1 的值.
   (2) 已知 a_5 的值.

✱ 题型四：等差数列求平均值

> 【点拨】根据平均值公式 $\bar{x}=\dfrac{a_1+a_2+\cdots+a_n}{n}=\dfrac{\dfrac{n(a_1+a_n)}{2}}{n}=\dfrac{a_1+a_n}{2}$ 求解.

21. (2012-10) 在一次数学考试中, 某班前 6 名同学的成绩恰好成等差数列, 若前 6 名同学的平均成绩为 95 分, 前 4 名同学成绩之和为 388 分, 则第 6 名同学的成绩为(　　)分.
   A. 92　　　B. 91　　　C. 90　　　D. 89　　　E. 88

22. (2017-1) 在 1 到 100 之间, 能被 9 整除的整数的平均值是(　　).
   A. 27　　　B. 36　　　C. 45　　　D. 54　　　E. 63

专题三 等比数列

题型框架

等比数列
- 题型一：等比数列的基本定义及性质
- 题型二：等差数列与等比数列相结合出题
- 题型三：数列最值问题
- 题型四：数列递推性
- 题型五：数列有关的文字应用题

真题归类

❋ 题型一：等比数列的基本定义及性质

【点拨】知道五个参数 a_1, n, q, a_n, S_n 中任意三个量就可以求另外两个参数.

1. (2001-1)若 $2, 2^x-1, 2^x+3$ 成等比数列,则 $x=$（　　）.

   A. $\log_2 5$ B. $\log_2 6$ C. $\log_2 7$ D. $\log_2 8$

2. (2008-1) P 是以 a 为边长的正方形, P_1 是以 P 的四边中点为顶点的正方形, P_2 是以 P_1 的四边中点为顶点的正方形, P_i 是以 P_{i-1} 的四边中点为顶点的正方形,则 P_6 的面积为（　　）.

   A. $\dfrac{a^2}{16}$ B. $\dfrac{a^2}{32}$ C. $\dfrac{a^2}{40}$ D. $\dfrac{a^2}{48}$ E. $\dfrac{a^2}{64}$

3. (2008-1) $S_2+S_5=2S_8$.

   (1)等比数列前 n 项和为 S_n 且公比 $q=-\dfrac{\sqrt[3]{4}}{2}$.

   (2)等比数列前 n 项和为 S_n 且公比 $q=\dfrac{1}{\sqrt[3]{2}}$.

4. (2009-1)若 $(1+x)+(1+x)^2+\cdots+(1+x)^n=a_1(x-1)+2a_2(x-1)^2+\cdots+na_n(x-1)^n$,则 $a_1+2a_2+3a_3+\cdots+na_n=$（　　）.

   A. $\dfrac{3^n-1}{2}$ B. $\dfrac{3^{n+1}-1}{2}$ C. $\dfrac{3^{n+1}-3}{2}$ D. $\dfrac{3^n-3}{2}$ E. $\dfrac{3^n-3}{4}$

5. (2009-1) $a_1^2+a_2^2+a_3^2+\cdots+a_n^2=\dfrac{1}{3}(4^n-1)$.

   (1)数列 $\{a_n\}$ 的通项公式为 $a_n=2^n$.

   (2)在数列 $\{a_n\}$ 中,对任意正整数 n,有 $a_1+a_2+a_3+\cdots+a_n=2^n-1$.

6. (2009-10)一个球从 100 米高处自由落下,每次着地后又跳回前一次高度的一半再落下,当它第 10 次着地时,共经过的路程是（　　）米(精确到 1 米且不计任何阻力).

A. 300   B. 250   C. 200   D. 150   E. 100

7. (2010-10) 等比数列 $\{a_n\}$ 中,a_3,a_8 是方程 $3x^2+2x-18=0$ 的两个根,则 $a_4a_7=($).

A. -9 B. -8 C. -6 D. 6   E. 8

8. (2011-10) 若等比数列 $\{a_n\}$ 满足 $a_2a_4+2a_3a_5+a_2a_8=25$,且 $a_1>0$,则 $a_3+a_5=($).

A. 8   B. 5   C. 2   D. -2 E. -5

9. (2013-10) 设 $\{a_n\}$ 是等比数列,则 $a_2=2$.

(1) $a_1+a_3=5$.   (2) $a_1a_3=4$.

10. (2014-10) 等比数列 $\{a_n\}$ 满足 $a_2+a_4=20$,则 $a_3+a_5=40$.

(1) 公比 $q=2$.   (2) $a_1+a_3=10$.

11. (2018-1) 如图所示,四边形 $A_1B_1C_1D_1$ 是平行四边形,A_2,B_2,C_2,D_2 分别是 $A_1B_1C_1D_1$ 四边的中点,A_3,B_3,C_3,D_3 分别是四边形 $A_2B_2C_2D_2$ 四边的中点,依次下去,得到四边形序列 $A_nB_nC_nD_n(n=1,2,3,\cdots)$. 设 $A_nB_nC_nD_n$ 的面积为 S_n,且 $S_1=12$,则 $S_1+S_2+S_3+\cdots=($).

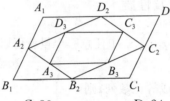

A. 20   B. 25   C. 30   D. 24   E. 40

12. (2021-1) 已知数列 $\{a_n\}$,则数列 $\{a_n\}$ 为等比数列.

(1) $a_na_{n+1}>0$.   (2) $a_{n+1}^2-2a_n^2-a_na_{n+1}=0$.

* **题型二:等差数列与等比数列相结合出题**

【点拨】该类型题将等差数列与等比数列相结合,一般为求参数问题.

13. (1999-1) 已知 $S_n=3+2\times3^2+3\times3^3+4\times3^4+\cdots+n\times3^n$,则 $S_n=($).

A. $\dfrac{3(3^n-1)}{4}+\dfrac{n\cdot3^n}{2}$ B. $\dfrac{3(1-3^n)}{4}+\dfrac{3^{n+1}}{2}$

C. $\dfrac{3(1-3^n)}{4}+\dfrac{(n+2)\cdot3^n}{2}$ D. $\dfrac{3(3^n-1)}{4}+\dfrac{3^n}{2}$

E. $\dfrac{3(1-3^n)}{4}+\dfrac{n\cdot3^{n+1}}{2}$

14. (2000-1) 若 $\alpha^2,1,\beta^2$ 成等比数列,而 $\dfrac{1}{\alpha},1,\dfrac{1}{\beta}$ 成等差数列,则 $\dfrac{\alpha+\beta}{\alpha^2+\beta^2}=($).

A. $-\dfrac{1}{2}$ 或 1   B. $-\dfrac{1}{3}$ 或 1   C. $\dfrac{1}{2}$ 或 1   D. $\dfrac{1}{3}$ 或 1

15. (2000-10) 已知等差数列 $\{a_n\}$ 的公差不为 0,但第 3,4,7 项构成等比数列,则 $\dfrac{a_2+a_6}{a_3+a_7}$ 为(   ).

A. $\dfrac{3}{5}$ B. $\dfrac{2}{3}$ C. $\dfrac{3}{4}$ D. $\dfrac{4}{5}$

16. (2001-1)在等差数列$\{a_n\}$中,$a_3=2$,$a_{11}=6$;数列$\{b_n\}$是等比数列,若$b_2=a_3$,$b_3=\dfrac{1}{a_2}$,则满足$b_n>\dfrac{1}{a_{26}}$的最大的n是( ).

A. 3   B. 4   C. 5   D. 6

17. (2002-1)设有两个数列$\{\sqrt{2}-1, a\sqrt{3}, \sqrt{2}+1\}$和$\left\{\sqrt{2}-1, \dfrac{a\sqrt{6}}{2}, \sqrt{2}+1\right\}$,则使前者成为等差数列、后者成为等比数列的实数$a$的值有( ).

A. 0个   B. 1个   C. 2个   D. 3个

18. (2003-1) $\dfrac{a+b}{a^2+b^2}=-\dfrac{1}{3}$.

(1) $a^2, 1, b^2$ 成等差数列.

(2) $\dfrac{1}{a}, 1, \dfrac{1}{b}$ 成等比数列.

19. (2007-1)整数数列a, b, c, d中a, b, c成等比数列,b, c, d成等差数列.

(1) $b=10, d=6a$.

(2) $b=-10, d=6a$.

20. (2007-10) $\dfrac{\dfrac{1}{2}+\left(\dfrac{1}{2}\right)^2+\left(\dfrac{1}{2}\right)^3+\cdots+\left(\dfrac{1}{2}\right)^8}{0.1+0.2+0.3+\cdots+0.9}=(\ \ )$.

A. $\dfrac{85}{768}$ B. $\dfrac{85}{512}$ C. $\dfrac{85}{384}$ D. $\dfrac{255}{256}$ E. 以上结论均不正确

21. (2007-10) $S_6=126$.

(1) 数列$\{a_n\}$的通项公式是$a_n=10(3n+4)$.

(2) 数列$\{a_n\}$的通项公式是$a_n=2^n$.

22. (2010-1)在如下所示的表格中,每行为等差数列,每列为等比数列,$x+y+z=(\ \ )$.

A. 2   B. $\dfrac{5}{2}$ C. 3   D. $\dfrac{7}{2}$ E. 4

2	$\dfrac{5}{2}$	3
x	$\dfrac{5}{4}$	$\dfrac{3}{2}$
a	y	$\dfrac{3}{4}$
b	c	z

23. (2012-1)数列$\{a_n\}, \{b_n\}$分别为等比数列与等差数列,$a_1=b_1=1$,则$b_2 \geq a_2$.

(1) $a_2>0$.

(2) $a_{10}=b_{10}$.

24. (2014-1) 甲、乙、丙三人的年龄相同.

(1) 甲、乙、丙三人的年龄成等差数列.

(2) 甲、乙、丙三人的年龄成等比数列.

★ 题型三：数列最值问题

> 【点拨】以等差数列列举，可以从三种方向来求解最值问题.
> 一是根据通项公式，
> $$a_n=dn+a_1-d \Rightarrow \begin{cases} a_1<0, d>0 \text{ 时}, S_n \text{ 有最小值}, \\ a_1>0, d<0 \text{ 时}, S_n \text{ 有最大值}, \end{cases}$$
> 一般找到前后变号的项来判断最值.
> 二是根据 $S_n=\dfrac{d}{2}n^2+\left(a_1-\dfrac{d}{2}\right)n$，由对称轴及开口方向来判断最值.
> 三是根据平均值定理求最值问题.

25. (2001-10) 等差数列 $\{a_n\}$ 中 $a_5<0, a_6>0$，且 $a_6>|a_5|$，S_n 是前 n 项和，则（　　）.

A. S_1, S_2, S_3 均小于 0，而 $S_4, S_5, \cdots$ 均大于 0

B. $S_1, S_2, \cdots, S_5$ 均小于 0，而 $S_6, S_7, \cdots$ 均大于 0

C. $S_1, S_2, \cdots, S_9$ 均小于 0，而 $S_{10}, S_{11}, \cdots$ 均大于 0

D. $S_1, S_2, \cdots, S_{10}$ 均小于 0，而 $S_{11}, S_{12}, \cdots$ 均大于 0

26. (2015-1) 已知数列 $\{a_n\}$ 是公差大于零的等差数列，S_n 是 $\{a_n\}$ 的前 n 项和，则 $S_n \geqslant S_{10}, n=1,2,\cdots$.

(1) $a_{10}=0$.

(2) $a_{11}a_{10}<0$.

27. (2018-1) 甲、乙、丙三人的年收入成等比数列，则能确定乙的年收入的最大值.

(1) 已知甲、丙两人的年收入之和.

(2) 已知甲、丙两人的年收入之积.

28. (2020-1) 若等差数列 $\{a_n\}$ 满足 $a_1=8$，且 $a_2+a_4=a_1$，则 $\{a_n\}$ 前 n 项和的最大值为（　　）.

A. 16　　　B. 17　　　C. 18　　　D. 19　　　E. 20

★ 题型四：数列递推性

> 【点拨】a_n 与其前后项之间的关系式称为递推公式，若已知数列的递推关系式及首项，则可以写出其他项，或者根据题干给出的递推公式寻找数字变化的规律，进而得到其他项的值. 因此递推公式是确定数列的一种重要方式.

29. (2003-10)数列$\{a_n\}$的前k项和$a_1+a_2+\cdots+a_k$与随后k项和$a_{k+1}+a_{k+2}+\cdots+a_{2k}$之比与$k$无关.

(1)$a_n=2n-1(n=1,2,\cdots)$.

(2)$a_n=2n(n=1,2,\cdots)$.

30. (2008-10)$a_1=\dfrac{1}{3}$.

(1)在数列$\{a_n\}$中,$a_3=2$.

(2)在数列$\{a_n\}$中,$a_2=2a_1,a_3=3a_2$.

31. (2010-10)$x_n=1-\dfrac{1}{2^n}(n=1,2,\cdots)$.

(1)$x_1=\dfrac{1}{2},x_{n+1}=\dfrac{1}{2}(1-x_n)(n=1,2,\cdots)$.

(2)$x_1=\dfrac{1}{2},x_{n+1}=\dfrac{1}{2}(1+x_n)(n=1,2,\cdots)$.

32. (2011-10)已知数列$\{a_n\}$满足$a_{n+1}=\dfrac{a_n+2}{a_n+1}(n=1,2,\cdots)$,则$a_2=a_3=a_4$.

(1)$a_1=\sqrt{2}$.

(2)$a_1=-\sqrt{2}$.

33. (2013-1)设$a_1=1,a_2=k,a_{n+1}=|a_n-a_{n-1}|(n\geq 2)$,则$a_{100}+a_{101}+a_{102}=2$.

(1)$k=2$.

(2)k是小于20的正整数.

34. (2013-10)设数列$\{a_n\}$满足$a_1=1,a_{n+1}=a_n+\dfrac{n}{3}(n\geq 1)$,则$a_{100}=(\qquad)$.

A. 1 650　　　　B. 1 651　　　　C. $\dfrac{5\,050}{3}$　　　　D. 3 300　　　　E. 3 301

35. (2014-10)已知数列$\{a_n\}$满足$a_{n+1}=\dfrac{a_n+2}{a_n+1}(n=1,2,3,\cdots)$,且$a_2>a_1$,那么$a_1$的取值范围是$(\qquad)$.

A. $a_1<\sqrt{2}$　　　　　　　B. $-1<a_1<\sqrt{2}$　　　　　　　C. $a_1>\sqrt{2}$

D. $-\sqrt{2}<a_1<\sqrt{2}$且$a_1\neq -1$　　E. $-1<a_1<\sqrt{2}$或$a_1<-\sqrt{2}$

36. (2016-1)已知数列$a_1,a_2,a_3,\cdots,a_{10}$,则$a_1-a_2+a_3-\cdots+a_9-a_{10}\geq 0$.

(1)$a_n\geq a_{n+1},n=1,2,\cdots,9$.

(2)$a_n^2\geq a_{n+1}^2,n=1,2,\cdots,9$.

37. (2019-1)设数列$\{a_n\}$满足$a_1=0,a_{n+1}-2a_n=1$,则$a_{100}=(\qquad)$.

A. $2^{99}-1$　　　B. 2^{99}　　　C. $2^{99}+1$　　　D. $2^{100}-1$　　　E. $2^{100}+1$

38. (2020-1)已知数列$\{a_n\}$满足$a_1=1,a_2=2$,且$a_{n+2}=a_{n+1}-a_n(n=1,2,3,\cdots)$,则$a_{100}=(\qquad)$.

A. 1　　　　B. -1　　　　C. 2　　　　D. -2　　　　E. 0

★ 题型五：数列有关的文字应用题

> 【点拨】该类型题的常见模型：增长率、银行储蓄、信贷、产值、分期付款等. 要正确、快速地求解这类问题，需要在理解题意的基础上，正确处理数列中的递推关系，进而将其转化为等差数列或等比数列.

39. (2010-10)某地震灾区现居民住房的总面积为 a 平方米，当地政府计划每年以 10% 的住房增长率建设新房，并决定每年拆除固定数量的危旧房，如果 10 年后该地的住房总面积正好比现有住房面积增加一倍，则每年应该拆除危旧房的面积是（　　）平方米.（注：$1.1^9 \approx 2.4$，$1.1^{10} \approx 2.6$，$1.1^{11} \approx 2.9$，精确到小数点后一位）

　　A. $\dfrac{1}{80}a$ 　　　　B. $\dfrac{1}{40}a$ 　　　　C. $\dfrac{3}{80}a$ 　　　　D. $\dfrac{1}{20}a$ 　　　　E. 以上均不正确

40. (2011-1)一所四年制大学每年的毕业生 7 月份离校，新生 9 月份入学，该校 2001 年招生 2 000 名，之后每年比上一年多招 200 名，则该校 2007 年 9 月底的在校学生有（　　）.

　　A. 14 000 名　　B. 11 600 名　　C. 9 000 名　　D. 6 200 名　　E. 3 200 名

41. (2012-1)某人在保险柜中存放了 M 元现金，第一天取出它的 $\dfrac{2}{3}$，以后每天取出前一天所取的 $\dfrac{1}{3}$，共取了 7 天，保险柜中剩余的现金为（　　）.

　　A. $\dfrac{M}{3^7}$ 元 　　　　　　　B. $\dfrac{M}{3^6}$ 元 　　　　　　　C. $\dfrac{2M}{3^6}$ 元

　　D. $\left[1-\left(\dfrac{2}{3}\right)^7\right]M$ 元 　　　E. $\left[1-7\left(\dfrac{2}{3}\right)^7\right]M$ 元

42. (2016-1)某公司以分期付款方式购买一套定价为 1 100 万元的设备，首期付款 100 万元，之后每月付款 50 万元，并支付上期余款的利息，月利率 1%，该公司为此设备支付了（　　）.

　　A. 1 195 万元　　B. 1 200 万元　　C. 1 205 万元　　D. 1 215 万元　　E. 1 300 万元

43. (2017-1)甲、乙、丙三种货车的载重量成等差数列，2 辆甲种车和 1 辆乙种车的载重量为 95 吨，1 辆甲种车和 3 辆丙种车载重量为 150 吨，则甲、乙、丙分别各一辆车一次最多运送货物为（　　）吨.

　　A. 125　　　　B. 120　　　　C. 115　　　　D. 110　　　　E. 105

44. (2019-1)甲、乙、丙三人各自拥有不超过 10 本图书，甲再购入 2 本图书后，他们拥有图书的数量能构成等比数列，则能确定甲拥有图书的数量.

　　(1)已知乙拥有图书的数量.

　　(2)已知丙拥有图书的数量.

45. (2021-1)三位年轻人的年龄成等差数列，且最大与最小的两人之差的 10 倍是另一个人的年龄，则三人中年龄最大的是（　　）.

　　A. 19　　　　B. 20　　　　C. 21　　　　D. 22　　　　E. 23

第三部分 几 何

第六章 平面几何

真题统计

专题	题型	问题求解题	条件充分性判断题	总计
三角形	求长度问题	12	4	23
	判断三角形形状	2	5	
三角形求面积	三角形面积的计算	10	5	14
四边形	平行四边形	1	1	17
	菱形	2		
	梯形	2		
	长方形、正方形	7	3	
圆和扇形	求阴影部分面积	11		11

真题分析

平面几何部分是必考考点,一般为2~3道题,出题形式比较简单,主要考查各类型求解三角形的面积及性质,规则四边形及圆与扇形的性质,要求考生掌握基础知识,多做题并达到灵活应用.

该表格按照专题(4个)、考试题型(8种)、考试形式(问题求解和条件充分性判断)统计了1月联考和10月在职考试真题. 本章以相同题型为前提,以年份为顺序进行统计,共包含问题求解题47道,条件充分性判断题18道,总计65道题. 要求考生利用好每一道真题,掌握基本概念、基本题型和基本方法,透过真题厘清命题思路,把握考试方向.

高频题型:求阴影部分面积问题及求长度和角度问题,判断三角形形状问题.

低频题型:平行四边形,菱形等.

拔高题型:三角形四心,正弦定理,余弦定理等.

本章思维导图

平面几何
- 三角形
  - 题型一：求长度问题
  - 题型二：判断三角形形状
- 三角形求面积—题型：三角形面积的计算
- 四边形
  - 题型一：平行四边形
  - 题型二：菱形
  - 题型三：梯形
  - 题型四：长方形、正方形
- 圆和扇形—题型：求阴影部分面积

专题一　三角形

题型框架

三角形
- 题型一：求长度问题
- 题型二：判断三角形形状

真题归类

✱ 题型一：求长度问题

【点拨】在求解平面图形长度的问题时，往往利用三角形全等、相似、中线定理、面积公式等方法构建等量关系．

1. (1997-10) 在直角三角形中，若斜边与一直角边的和为 8，差是 2，则另一直角边的长度是 (　　).

A. 3　　　　B. 4　　　　C. 5　　　　D. 10　　　　E. 9

2. (2008-10) $PQ \cdot RS = 12$.

(1) 如图所示，$QR \cdot PR = 12$.

(2) 如图所示，$PQ = 5$.

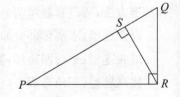

3. (2010-1) 如图所示,在直角三角形 ABC 区域内部有座山,现计划从 BC 边上的某点 D 开凿一条隧道到点 A,要求隧道的长度最短,已知 AB 长为 5 km,AC 长为 12 km,则所开凿的隧道 AD 的长度约为(　　).

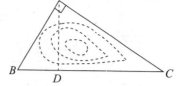

A. 4.12 km
B. 4.22 km
C. 4.42 km
D. 4.62 km
E. 4.92 km

4. (2010-10) 如图所示,阴影甲的面积比阴影乙的面积多 28 cm²,$AB=40$ cm,CB 垂直 AB,则 BC 的长为(　　)cm.(π 取到小数点后两位)

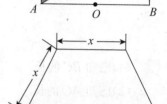

A. 30
B. 32
C. 34
D. 36
E. 40

5. (2011-1) 如图所示,等腰梯形的上底与腰均为 x,下底为 $x+10$,则 $x=13$.

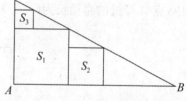

(1) 该梯形的上底与下底之比为 13:23.
(2) 该梯形的面积为 216.

6. (2012-1) 如图所示,△ABC 是直角三角形,S_1,S_2,S_3 为正方形,已知 a,b,c 分别是 S_1,S_2,S_3 的边长,则(　　).

A. $a=b+c$
B. $a^2=b^2+c^2$
C. $a^2=2b^2+2c^2$
D. $a^3=b^3+c^3$
E. $a^3=2b^3+2c^3$

7. (2012-10) 如图所示,AB 是半圆 O 的直径,AC 是弦. 若 $|AB|=6$,$\angle ACO=\dfrac{\pi}{6}$,则弧 BC 的长度为(　　).

A. $\dfrac{\pi}{3}$
B. π
C. 2π
D. 1
E. 2

8. (2013-1) 如图所示,在直角三角形 ABC 中,$AC=4$,$BC=3$,DE∥BC,已知梯形 $BCED$ 的面积为 3,则 DE 长为(　　).

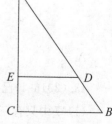

A. $\sqrt{3}$
B. $\sqrt{3}+1$
C. $4\sqrt{3}-4$
D. $\dfrac{3\sqrt{2}}{2}$
E. $\sqrt{2}+1$

9. (2013-10) 如图所示,$AB=AC=5$,$BC=6$,E 是 BC 的中点,$EF \perp AC$,则 $EF=$(　　).

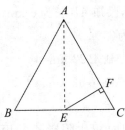

A. 1.2　　　B. 2　　　C. 2.2　　　D. 2.4　　　E. 2.5

10. (2014-1) 如图所示,O 是半圆圆心,C 是半圆上的一点,$OD \perp AC$,则能确定 OD 的长.

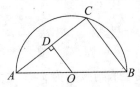

(1) 已知 BC 的长.
(2) 已知 AO 的长.

11. (2014-10) 一个长为 8 cm,宽为 6 cm 的长方形木板在桌面上做无滑动的滚动(顺时针方向),如图所示,第二次滚动中被一个小木块垫住而停止,使木板沿 AB 与桌面成 30°,则木板滚动中,点 A 经过的路径长为(　　)cm.

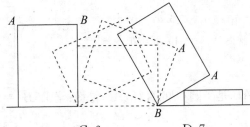

A. 4π　　　B. 5π　　　C. 6π　　　D. 7π　　　E. 8π

12. (2015-1) 如图所示,梯形 $ABCD$ 的上底与下底分别为 5,7,E 为 AC 与 BD 的交点,MN 过点 E 且平行于 AD,则 $MN=$(　　).

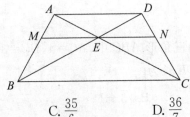

A. $\dfrac{26}{5}$　　　B. $\dfrac{11}{2}$　　　C. $\dfrac{35}{6}$　　　D. $\dfrac{36}{7}$　　　E. $\dfrac{40}{7}$

13. (2016-1) 已知 M 是一个平面有限点集,则平面上存在到 M 中各距离相等的点.

(1) M 中只有三个点.
(2) M 中的任意三点都不共线.

14. (2018-1)如图所示,圆 O 是三角形 ABC 的内切圆,若三角形 ABC 的面积与周长的大小之比为 $1:2$,则圆 O 的面积为( ).

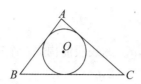

A. π B. 2π C. 3π D. 4π E. 5π

15. (2019-1)在三角形 ABC 中,$AB=4$,$AC=6$,$BC=8$,D 为 BC 的中点,则 $AD=$( ).

A. $\sqrt{11}$ B. $\sqrt{10}$ C. 3   D. $2\sqrt{2}$ E. $\sqrt{7}$

16. (2020-1)如图所示,圆 O 的内接 $\triangle ABC$ 是等腰三角形,底边 $BC=6$,顶角为 $\dfrac{\pi}{4}$,则圆的面积为( ).

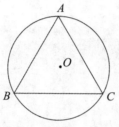

A. 12π B. 16π C. 18π D. 32π E. 36π

✱ **题型二:判断三角形形状**

> 【点拨】主要借助三角形的内角以及三边所满足的条件,结合三角形的性质判断三角形形状,重点掌握等边三角形、等腰三角形、直角三角形的特征.

17. (2000-10)已知 a,b,c 是 $\triangle ABC$ 的三条边长,并且 $a=c=1$,若 $(b-x)^2-4(a-x)(c-x)=0$ 有相同实根,则 $\triangle ABC$ 为( ).

A. 等边三角形   B. 等腰三角形
C. 直角三角形   D. 钝角三角形

18. (2008-1)若 $\triangle ABC$ 的三边 a,b,c 满足 $a^2+b^2+c^2=ab+ac+bc$,则 $\triangle ABC$ 为( ).

A. 等腰三角形   B. 直角三角形   C. 等边三角形
D. 等腰直角三角形   E. 以上结果均不正确

19. (2009-10) $\triangle ABC$ 是等边三角形.
(1) $\triangle ABC$ 的三边满足 $a^2+b^2+c^2=ab+bc+ac$.
(2) $\triangle ABC$ 的三边满足 $a^3-a^2b+ab^2+ac^2-b^2c-bc^2=0$.

20. (2011-1)已知三角形 ABC 的三条边长分别为 a,b,c.则三角形 ABC 是等腰直角三角形.
(1) $(a-b)(c^2-a^2-b^2)=0$.   (2) $c=\sqrt{2}b$.

21. (2013-1) △ABC 的边长为 a,b,c,则 △ABC 为直角三角形.
   (1) $(c^2-a^2-b^2)(a^2-b^2)=0$.
   (2) △ABC 的面积为 $\frac{1}{2}ab$.

22. (2014-10) 三条长度分别为 a,b,c 的线段能构成一个三角形.
   (1) $a+b>c$.　　　　　　　　(2) $b-c<a$.

23. (2020-1) 在 △ABC 中,若 $\angle B=60°$,则 $\frac{c}{a}>2$.
   (1) $\angle C<90°$.　　　　　　　(2) $\angle C>90°$.

专题二　三角形求面积

题型框架

三角形求面积——题型:三角形面积的计算

真题归类

* **题型：三角形面积的计算**

【点拨1】利用三角形面积公式
$$S=\frac{1}{2}ah=\sqrt{p(p-a)(p-b)(p-c)}=\frac{1}{2}ab\sin C, p=\frac{1}{2}(a+b+c).$$

1. (1998-1) 在四边形 ABCD 中,设 AB 的长为 8,$\angle A:\angle B:\angle C:\angle D=3:7:4:10$,$\angle CDB=60°$,则 △ABD 的面积是(　　).
   A. 8　　　　B. 32　　　　C. 4　　　　D. 16　　　　E. 18

2. (1998-10) 已知等腰直角三角形 ABC 和等边三角形 BDC(见图),设 △ABC 的周长为 $2\sqrt{2}+4$,则 △BDC 的面积是(　　).
   A. $3\sqrt{2}$　　　　　　　B. $6\sqrt{2}$
   C. 12　　　　　　　　D. $2\sqrt{3}$
   E. $4\sqrt{3}$

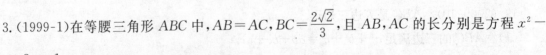

3. (1999-1) 在等腰三角形 ABC 中,$AB=AC$,$BC=\frac{2\sqrt{2}}{3}$,且 AB,AC 的长分别是方程 $x^2-\sqrt{2}mx+\frac{3m-1}{4}=0$ 的两个根,则 △ABC 的面积为(　　).
   A. $\frac{\sqrt{5}}{9}$　　　B. $\frac{2\sqrt{5}}{9}$　　　C. $\frac{5\sqrt{5}}{9}$　　　D. $\frac{\sqrt{5}}{3}$　　　E. $\frac{\sqrt{5}}{18}$

4. (2007-10)三角形 ABC 的面积保持不变.

(1)底边 AB 增加了 2 厘米, AB 上的高 h 减少了 2 厘米.

(2)底边 AB 扩大了 1 倍, AB 上的高 h 减少了 50%.

5. (2008-1)方程 $x^2-(1+\sqrt{3})x+\sqrt{3}=0$ 的两根分别为等腰三角形的腰 a 和底 $b(a<b)$, 则该等腰三角形的面积是( ).

A. $\frac{\sqrt{11}}{4}$ B. $\frac{\sqrt{11}}{8}$ C. $\frac{\sqrt{3}}{4}$ D. $\frac{\sqrt{3}}{5}$ E. $\frac{\sqrt{3}}{8}$

6. (2012-1)如图所示,三个边长为 1 的正方形所覆盖区域(实线所围)的面积为( ).

A. $3-\sqrt{2}$ B. $3-\frac{3\sqrt{2}}{4}$

C. $3-\sqrt{3}$ D. $3-\frac{\sqrt{3}}{2}$

E. $3-\frac{3\sqrt{3}}{4}$

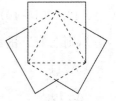

7. (2020-1)如图所示,在△ABC 中,∠ABC=30°,将线段 AB 绕点 B 旋转至 DB,使∠DBC=60°,则△DBC 和△ABC 的面积之比为( ).

A. 1 B. $\sqrt{2}$

C. 2 D. $\frac{\sqrt{3}}{2}$

E. $\sqrt{3}$

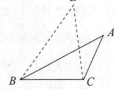

【点拨2】共用顶点,底边共线的三角形,面积之比等于底边之比,如图所示,有 $\frac{S_1}{S_2}=\frac{a}{b}$.

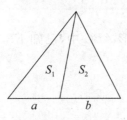

8. (2008-10)如图所示,若△ABC 的面积为 1,△AEC,△DEC,△BED 的面积相等,则△AED 的面积为( ).

A. $\frac{1}{3}$ B. $\frac{1}{6}$

C. $\frac{1}{5}$ D. $\frac{1}{4}$

E. $\frac{2}{5}$

9. (2009-1) 直角三角形 ABC 的斜边 $AB=13$ 厘米, 直角边 $AC=5$ 厘米, 把 AC 对折到 AB 上去与斜边相重合, 点 C 与点 E 重合, 折痕为 AD(见图), 则图中阴影部分的面积为( ).

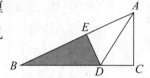

A. 20   B. $\dfrac{40}{3}$

C. $\dfrac{38}{3}$ D. 14

E. 12

10. (2014-10) 如图所示, 已知 $AE=3AB$, $BF=2BC$, 若 △ABC 的面积是 2, 则△AEF 的面积为( ).

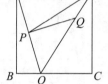

A. 14   B. 12

C. 10   D. 8

E. 6

11. (2019-1) 如图所示, 已知正方形 $ABCD$ 的面积, O 为 BC 上一点, P 为 AO 的中点, Q 为 DO 上一点. 则能确定三角形 PQD 的面积.

(1) O 为 BC 的三等分点.

(2) Q 为 DO 的三等分点.

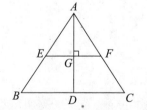

【点拨3】看到平行马上找三角形相似, 看到折叠翻转马上找三角形全等.

12. (2010-1) 如图所示, 在三角形 ABC 中, 已知 EF//BC, 则三角形 AEF 的面积等于梯形 $EBCF$ 面积.

(1) $|AG|=2|GD|$.

(2) $|BC|=\sqrt{2}|EF|$.

13. (2018-1) 如图所示, 矩形 $ABCD$ 中, $AE=FC$, 则三角形 AED 与四边形 $BCFE$ 能拼接成一个直角三角形.

(1) $EB=2FC$.

(2) $ED=EF$.

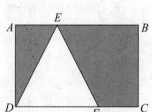

14. (2021-1) 给定两个直角三角形, 则这两个直角三角形相似.

(1) 每个直角三角形的边长成等比数列.

(2) 每个直角三角形的边长成等差数列.

【点拨4】鸟头定理:两个三角形有一组对应角相等或互补,则它们的面积比等于对应角两边乘积之比.如图所示,可得结论

$$\frac{S_{\triangle ADE}}{S_{\triangle ABC}}=\frac{\frac{1}{2}AD\times AE\times \sin\angle DAE}{\frac{1}{2}AB\times AC\times \sin\angle BAC}=\frac{AD\times AE}{AB\times AC}.$$

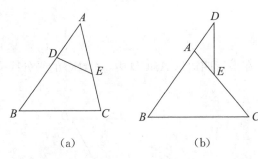

(a)　　　　(b)

15.(2017-1)已知△ABC和△A'B'C'满足AB∶A'B'=AC∶A'C'=2∶3,∠A+∠A'=π,则△ABC和△A'B'C'的面积之比为(　　).

A.$\sqrt{2}:\sqrt{3}$　　B.$\sqrt{3}:\sqrt{5}$　　C.2∶3　　D.2∶5　　E.4∶9

专题三　四边形

题型框架

四边形 ── 题型一:平行四边形
　　　　 题型二:菱形
　　　　 题型三:梯形
　　　　 题型四:长方形、正方形

真题归类

✶ 题型一:平行四边形

【点拨】灵活掌握平行线、三角形性质,迅速找到图形中的边、角关系.

1. (2011-10) 如图所示,在直角坐标系 xOy 中,矩形 $OABC$ 顶点 B 的坐标是 $(6,4)$,则直线 l 将矩形 $OABC$ 分成了面积相等的两部分.

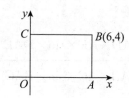

(1) $l: x-y-1=0$.
(2) $l: x-3y+3=0$.

2. (2014-10) 如图所示,在平行四边形 $ABCD$ 中,$\angle ABC$ 的平分线交 AD 于 E,$\angle BED=150°$,则 $\angle A=$ (   ).

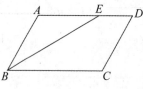

A. $100°$ B. $110°$ C. $120°$ D. $130°$ E. $150°$

* 题型二：菱形

【点拨】会求菱形面积 $S=\dfrac{1}{2}L_1\times L_2$,其中 L_1,L_2 为两条对角线的长度.

3. (1997-1) 若菱形 $ABCD$ 的两条对角线 $AC=a$,$BD=b$,则它的面积是 (   ).

A. ab B. $\dfrac{1}{3}ab$ C. $\sqrt{2}ab$ D. $\dfrac{1}{2}ab$ E. $\dfrac{\sqrt{2}}{2}ab$

4. (2012-10) 若菱形两条对角线的长分别为 6 和 8,则这个菱形的周长和面积分别为 (   ).
A. 14;24   B. 14;48   C. 20;12   D. 20;24   E. 20;48

* 题型三：梯形

【点拨】看到平行线找相似,根据三角形相似的性质、面积关系得到梯形的蝶形定理. 如图所示,有

$$\dfrac{S_1}{S_2}=\left(\dfrac{a}{b}\right)^2, S_3=S_4, \dfrac{S_1}{S_3}=\dfrac{S_4}{S_2}\Rightarrow S_1\times S_2=S_3\times S_4.$$

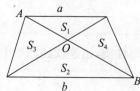

5. (2010-1)如图所示,长方形 ABCD 的两条边分别为 8 m 和 6 m,四边形 OEFG 的面积是 4 m²,则阴影部分的面积为(   ).

A. 32 m²
B. 28 m²
C. 24 m²
D. 20 m²
E. 16 m²

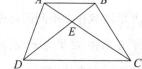

6. (2016-1)如图所示,在四边形 ABCD 中,AB//CD,AB 与 CD 的边长分别为 4 和 8. 若 △ABE 的面积为 4,则四边形 ABCD 的面积为(   ).

A. 24
B. 30
C. 32
D. 36
E. 40

✳ 题型四：长方形、正方形

【点拨】会求长方形及正方形面积.

7. (2003-1)设 P 是正方形 ABCD 外的一点,PB=10 厘米,△APB 的面积是 80 平方厘米,△CPB 的面积为 90 平方厘米,则正方形 ABCD 的面积为(   ).

A. 720 平方厘米
B. 580 平方厘米
C. 640 平方厘米
D. 600 平方厘米
E. 560 平方厘米

8. (2007-10)如图所示,正方形 ABCD 四条边与圆 O 相切,而正方形 EFGH 是圆 O 的内接正方形,已知正方形 ABCD 面积为 1,则正方形 EFGH 的面积是(   ).

A. $\dfrac{2}{3}$
B. $\dfrac{1}{2}$
C. $\dfrac{\sqrt{2}}{2}$
D. $\dfrac{\sqrt{2}}{3}$
E. $\dfrac{1}{4}$

9. (2010-10)如图所示,小正方形的 $\dfrac{3}{4}$ 被阴影所覆盖,大正方形的 $\dfrac{6}{7}$ 被阴影所覆盖,则小、大正方形阴影部分面积之比为(   ).

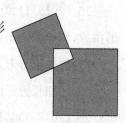

A. $\dfrac{7}{8}$
B. $\dfrac{6}{7}$
C. $\dfrac{3}{4}$
D. $\dfrac{4}{7}$
E. $\dfrac{1}{2}$

10. (2011-10)如图所示,若相邻点的水平距离与竖直距离都是1,则多边形 ABCDE 的面积为( ).

A. 7　　　　　　　　　B. 8

C. 9　　　　　　　　　D. 10

E. 11

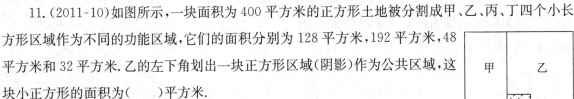

11. (2011-10)如图所示,一块面积为400平方米的正方形土地被分割成甲、乙、丙、丁四个小长方形区域作为不同的功能区域,它们的面积分别为128平方米,192平方米,48平方米和32平方米. 乙的左下角划出一块正方形区域(阴影)作为公共区域,这块小正方形的面积为( )平方米.

A. 16　　　　　　　　B. 17

C. 18　　　　　　　　D. 19

E. 20

12. (2012-1)某户要建一个长方形的羊栏,则羊栏的面积大于 500 m².

(1)羊栏的周长为 120 m.

(2)羊栏对角线的长不超过 50 m.

13. (2012-10)如图所示,长方形 ABCD 的长与宽分别为 $2a$ 和 a,将其以顶点 A 为中心顺时针旋转 $60°$,则四边形 AECD 的面积为 $24-2\sqrt{3}$.

(1) $a=2\sqrt{3}$.

(2) $\triangle AB'B$ 的面积为 $3\sqrt{3}$.

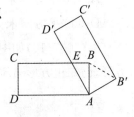

14. (2016-1)有一批同规格的正方形瓷砖,用它们铺满整个正方形区域时剩余180块,将此正方形区域的边长增加一块瓷砖的长度时,还需要增加21块瓷砖才能铺满,该批瓷砖共有( )块.

A. 9 981　　B. 10 000　　C. 10 180　　D. 10 201　　E. 10 222

15. (2016-1)如图所示,正方形 ABCD 由四个相同的长方形和一个小正方形拼成,则能确定小正方形的面积.

(1)已知正方形 ABCD 的面积.

(2)已知长方形的长宽之比.

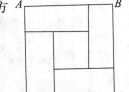

16. (2017-1)某种机器人可搜索到的区域是半径为1米的圆,若该机器人沿直线行走10米,则其搜索出的区域的面积为( )平方米.

A. $10+\dfrac{\pi}{2}$　　B. $10+\pi$　　C. $20+\dfrac{\pi}{2}$　　D. $20+\pi$　　E. 10π

专题四 圆和扇形

题型框架
圆和扇形—题型:求阴影部分面积

真题归类

✱ 题型：求阴影部分面积

【点拨】利用割补法将图中阴影面积分割后,再进行重新组合,变成规则图形进行计算.

1. (1997-10)如图所示，C 是以 AB 为直径的半圆上一点，再分别以 AC 和 BC 作半圆，若 $AB=5$，$AC=3$，则图中阴影部分的面积是（ ）.

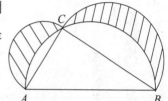

A. 3π B. 4π
C. 6π D. 6
E. 4

2. (1999-10)如图所示，半圆 ADB 以 C 为圆心，半径为 1，且 $CD \perp AB$，分别延长 BD 和 AD 至 E 和 F，使得圆弧 AE 和 BF 分别以 B 和 A 为圆心，则图中阴影部分的面积为（ ）.

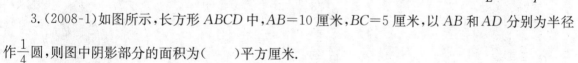

A. $\dfrac{\pi}{2} - \dfrac{1}{2}$ B. $(1-\sqrt{2})\pi$
C. $\dfrac{\pi}{2} - 1$ D. $\dfrac{3\pi}{2} - 2$
E. $\pi - 1$

3. (2008-1)如图所示，长方形 $ABCD$ 中，$AB=10$ 厘米，$BC=5$ 厘米，以 AB 和 AD 分别为半径作 $\dfrac{1}{4}$ 圆，则图中阴影部分的面积为（ ）平方厘米.

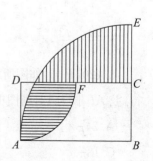

A. $25 - \dfrac{25}{2}\pi$
B. $25 + \dfrac{125}{2}\pi$
C. $50 + \dfrac{25}{4}\pi$
D. $\dfrac{125}{4}\pi - 50$

E. 以上结果均不正确

4.(2008-10)过点 $A(2,0)$ 向圆 $x^2+y^2=1$ 作两条切线 AM 和 AN(见图),则两切线和弧 MN 所围成的面积(图中阴影部分)为(   ).

A. $1-\dfrac{\pi}{3}$ B. $1-\dfrac{\pi}{6}$

C. $\dfrac{\sqrt{3}}{2}-\dfrac{\pi}{6}$ D. $\sqrt{3}-\dfrac{\pi}{6}$

E. $\sqrt{3}-\dfrac{\pi}{3}$

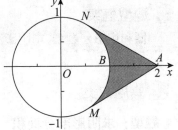

5.(2011-1)如图所示,四边形 $ABCD$ 是边长为1的正方形,弧 AOB, BOC, COD, DOA 均为半圆,则阴影部分的面积为(   ).

A. $\dfrac{1}{2}$ B. $\dfrac{\pi}{2}$

C. $1-\dfrac{\pi}{4}$ D. $\dfrac{\pi}{2}-1$

E. $2-\dfrac{\pi}{2}$

6.(2013-10)如图所示,在正方形 $ABCD$ 中,弧 AOC 是四分之一圆周, $EF\parallel AD$. 若 $DF=a$, $CF=b$,则阴影部分的面积为(   ).

A. $\dfrac{1}{2}ab$ B. ab

C. $2ab$ D. b^2-a^2

E. $(b-a)^2$

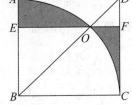

7.(2014-1)如图所示,圆 A 与圆 B 的半径均为1,则阴影部分的面积为(   ).

A. $\dfrac{2\pi}{3}$ B. $\dfrac{\sqrt{3}}{2}$

C. $\dfrac{\pi}{3}-\dfrac{\sqrt{3}}{4}$ D. $\dfrac{2\pi}{3}-\dfrac{\sqrt{3}}{4}$

E. $\dfrac{2\pi}{3}-\dfrac{\sqrt{3}}{2}$

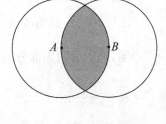

8.(2014-10)如图所示,大小两个半圆的直径在同一直线上,弦 AB 与小半圆相切且与直径平行,弦 AB 长为12,则图中阴影部分的面积为(   ).

A. 24π B. 21π

C. 18π D. 15π

E. 12π

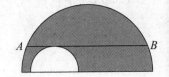

9. (2015-1) 如图所示,BC 是半圆直径,且 $BC=4$,$\angle ABC=30°$,则图中阴影部分面积为( ).

A. $\dfrac{4}{3}\pi-\sqrt{3}$	B. $\dfrac{4}{3}\pi-2\sqrt{3}$

C. $\dfrac{4}{3}\pi+\sqrt{3}$	D. $\dfrac{4}{3}\pi+2\sqrt{3}$

E. $2\pi-2\sqrt{3}$

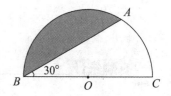

10. (2017-1) 如图所示,在扇形 AOB 中,$\angle AOB=\dfrac{\pi}{4}$,$OA=1$,$AC\perp OB$,则阴影部分的面积为( ).

A. $\dfrac{\pi}{8}-\dfrac{1}{4}$	B. $\dfrac{\pi}{8}-\dfrac{1}{8}$

C. $\dfrac{\pi}{4}-\dfrac{1}{2}$	D. $\dfrac{\pi}{4}-\dfrac{1}{4}$

E. $\dfrac{\pi}{4}-\dfrac{1}{8}$

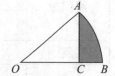

11. (2021-1) 如图所示,正六边形的边长为1,分别以正六边形的顶点 O,P,Q 为圆心,以1为半径作圆弧,则阴影部分的面积为( ).

A. $\pi-\dfrac{3\sqrt{3}}{2}$	B. $\pi-\dfrac{3\sqrt{3}}{4}$

C. $\dfrac{\pi}{2}-\dfrac{3\sqrt{3}}{4}$	D. $\dfrac{\pi}{2}-\dfrac{3\sqrt{3}}{8}$

E. $2\pi-3\sqrt{3}$

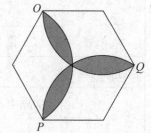

第七章 解析几何

 真题统计

专题	题型	问题求解题	条件充分性判断题	总计
点与直线问题	点与直线的基本概念	5	2	14
	两条直线的位置关系	1		
	多条直线围成的面积问题	3	3	
圆	圆的基本概念	5	2	7
圆与直线	直线与圆的位置关系	7	6	23
	过圆 $(x-a)^2+(y-b)^2=r^2$ 上一点 $P(x_0,y_0)$ 作切线问题	2	1	
	直线、曲线恒过定点问题（直线系问题）		2	
	圆与圆的位置关系	1	4	
对称问题	关于直线对称	5	3	8
求最值问题	动点 P 在圆 $(x-x_0)^2+(y-y_0)^2=r^2$ 上运动，求 $\dfrac{y-b}{x-a}$ 的最值	1		9
	利用平均值定理求最值	2	1	
	求 $ax+by$ 的最值	1	1	
	求 x^2+y^2 的最值	1	2	

真题分析

解析几何是指把平面几何放在直角坐标系中研究，一般在考试中有 2~3 道题，近几年真题中最值问题难度加大，灵活性更强，主要围绕四个方向来考查：一是距离问题；二是位置关系问题；三是对称问题；四是求最值问题．

该表格按照专题(5个)、考试题型(13种)、考试形式(问题求解和条件充分性判断)统计了1月联考和10月在职考试真题.本章以相同题型为前提,以年份为顺序进行统计,共包含问题求解题34道,条件充分性判断题27道,总计61道题.要求考生利用好每一道真题,掌握基本概念、基本题型和基本方法,透过真题厘清命题思路,把握考试方向.

高频题型:距离,直线与直线及直线与圆的位置关系,对称问题.

低频题型:恒过定点曲线系问题,圆与圆的位置关系问题.

拔高题型:求最值问题.

本章思维导图

$$\text{解析几何}\begin{cases}\text{点与直线问题}\begin{cases}\text{题型一:点与直线的基本概念}\\\text{题型二:两条直线的位置关系}\\\text{题型三:多条直线围成的面积问题}\end{cases}\\\text{圆—题型:圆的基本概念}\\\text{圆与直线}\begin{cases}\text{题型一:直线与圆的位置关系}\\\text{题型二:过圆}(x-a)^2+(y-b)^2=r^2\text{上一点}P(x_0,y_0)\text{作切线问题}\\\text{题型三:直线、曲线恒过定点问题(直线系问题)}\\\text{题型四:圆与圆的位置关系}\end{cases}\\\text{对称问题—题型:关于直线对称}\\\text{求最值问题}\begin{cases}\text{题型一:动点}P\text{在圆}(x-x_0)^2+(y-y_0)^2=r^2\text{上运动,求}\dfrac{y-b}{x-a}\text{的最值}\\\text{题型二:利用平均值定理求最值}\\\text{题型三:求}ax+by\text{的最值}\\\text{题型四:求}x^2+y^2\text{的最值}\end{cases}\end{cases}$$

专题一　点与直线问题

题型框架

点与直线问题 $\begin{cases}\text{题型一:点与直线的基本概念}\\\text{题型二:两条直线的位置关系}\\\text{题型三:多条直线围成的面积问题}\end{cases}$

真题归类

※ 题型一：点与直线的基本概念

【点拨】(1) $y=kx+b$ $\begin{cases} k>0 \Rightarrow 直线过一、三象限, \\ k<0 \Rightarrow 直线过二、四象限, \\ b=0 \Rightarrow 直线必过原点. \end{cases}$

(2) 会利用中点坐标公式及两点坐标求距离公式.

$A(x_1,y_1), B(x_2,y_2) \Rightarrow \begin{cases} 中点坐标公式\left(\dfrac{x_1+x_2}{2}, \dfrac{y_1+y_2}{2}\right), \\ |AB|=\sqrt{(x_2-x_1)^2+(y_2-y_1)^2}. \end{cases}$

1. (1997-1) $ab<0$ 时，直线 $y=ax+b$ 必然（   ）.

   A. 经过一、二、四象限 　　　　　　　　B. 经过一、三、四象限

   C. 在 y 轴上的截距为正数 　　　　　　D. 在 x 轴上的截距为正数

   E. 在 x 轴上的截距为负数

2. (1998-1) 设正方形 $ABCD$ 如图所示，其中 $A(2,1), B(3,2)$，则边 CD 所在的直线方程是（   ）.

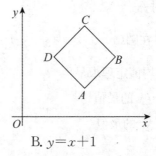

   A. $y=-x-1$ 　　　　　　B. $y=x+1$ 　　　　　　C. $y=x-2$

   D. $y=2x+2$ 　　　　　　E. $y=-x+2$

3. (1998-10) 已知直线 l 的方程为 $x+2y-4=0$，点 A 的坐标为 $(5,7)$，过点 A 作直线垂直于 l，则垂足的坐标为（   ）.

   A. $(6,5)$ 　　　　　　　B. $(5,6)$ 　　　　　　C. $(2,1)$

   D. $(-2,6)$ 　　　　　　 E. $\left(\dfrac{1}{2},3\right)$

4. (1999-10) 在直角坐标系中，O 为原点，点 A,B 的坐标分别为 $(-2,0),(2,-2)$，以 OA 为一边，OB 为另一边作平行四边形 $OACB$，则平行四边形的边 AC 的方程是（   ）.

A. $y=-2x-1$ B. $y=-2x-2$ C. $y=-x-2$

D. $y=\frac{1}{2}x-\frac{3}{2}$ E. $y=-\frac{1}{2}x-\frac{3}{2}$

5. (2010-10) 直线 $y=ax+b$ 经过第一、二、四象限.

(1) $a<0$.

(2) $b>0$.

6. (2012-1) 直线 $y=ax+b$ 过第二象限.

(1) $a=-1, b=1$.

(2) $a=1, b=-1$.

7. (2014-10) 直线 $x-2y=0, x+y-3=0, 2x-y=0$ 两两相交构成 $\triangle ABC$,以下各点中,位于 $\triangle ABC$ 内的点是(　　).

A. $(1,1)$ B. $(1,3)$ C. $(2,2)$ D. $(3,2)$ E. $(4,0)$

✱ 题型二：两条直线的位置关系

【点拨】

位置关系	斜截式 $l_1: y=k_1x+b_1,$ $l_2: y=k_2x+b_2$	一般式 $l_1: a_1x+b_1y+c_1=0,$ $l_2: a_2x+b_2y+c_2=0$
平行 $l_1 // l_2$	$k_1=k_2, b_1 \neq b_2$	$\frac{a_1}{a_2}=\frac{b_1}{b_2}\neq\frac{c_1}{c_2}$
相交	$k_1 \neq k_2$	$\frac{a_1}{a_2}\neq\frac{b_1}{b_2}$
垂直 $l_1 \perp l_2$	$k_1 k_2=-1$	$\frac{a_1}{b_1}\cdot\frac{a_2}{b_2}=-1 \Leftrightarrow a_1a_2+b_1b_2=0$

8. (1999-1) 已知直线 $(a+2)x+(1-a)y-3=0$ 和直线 $(a-1)x+(2a+3)y+2=0$ 互相垂直,则 $a=$ (　　).

A. -1 B. 1 C. ± 1

D. $-\frac{3}{2}$ E. 0

✱ **题型三：多条直线围成的面积问题**

【点拨】(1) $ax+by+c=0(ab\neq 0)$ 与两坐标轴围成的面积. 方法：令 $x=0\Rightarrow y=-\dfrac{c}{b}$，令 $y=0\Rightarrow x=-\dfrac{c}{a}$，则 $S=\dfrac{1}{2}\times\left|-\dfrac{c}{b}\right|\times\left|-\dfrac{c}{a}\right|$.

(2) 形如 $|ax-b|+|cy-d|=e(e>0)$，根据所给的方程或表达式画出图像，然后借助平面几何知识来求解面积.

结论 $\begin{cases} a=c \text{ 为正方形}, a\neq c \text{ 为菱形}, \\ \text{中心为}\left(\dfrac{b}{a},\dfrac{d}{c}\right), \\ S=\dfrac{2e^2}{|ac|}, \text{与} b,d \text{ 无关}. \end{cases}$

(3) 若 $|xy|-a|x|-b|y|+ab=0(a,b>0)$，则有 $(|x|-b)(|y|-a)=0\Rightarrow x=\pm b,y=\pm a$，当 $a=b$ 时表示正方形，当 $a\neq b$ 时表示矩形，面积均为 $4ab$.

9. (2007-10) 如图所示，正方形 $ABCD$ 的面积为 1.

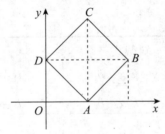

(1) AB 所在的直线方程为 $y=x-\dfrac{1}{\sqrt{2}}$.

(2) AD 所在的直线方程为 $y=1-x$.

10. (2008-1) 两直线 $y=x+1, y=ax+7$ 与 x 轴所围成的面积是 $\dfrac{27}{4}$.

(1) $a=-3$.   (2) $a=-2$.

11. (2009-1) 设直线 $nx+(n+1)y=1$（n 为正整数）与两坐标轴围成的三角形的面积为 $S_n(n=1,2,\cdots,2\,009)$，则 $S_1+S_2+\cdots+S_{2\,009}=$ (　　).

A. $\dfrac{1}{2}\times\dfrac{2\,009}{2\,008}$ B. $\dfrac{1}{2}\times\dfrac{2\,008}{2\,009}$ C. $\dfrac{1}{2}\times\dfrac{2\,009}{2\,010}$

D. $\dfrac{1}{2}\times\dfrac{2\,010}{2\,009}$ E. 以上结论均不正确

12. (2009-10) 曲线 $|xy|+1=|x|+|y|$ 所围成的图形的面积为 (　　).

A. $\dfrac{1}{4}$ B. $\dfrac{1}{2}$ C. 1   D. 2   E. 4

13. (2012-1)在直角坐标系中,若平面区域 D 中所有的点的坐标 (x,y) 均满足 $0\leq x\leq 6, 0\leq y\leq 6, |y-x|\leq 3, x^2+y^2\geq 9$,则 D 的面积是( ).

A. $\dfrac{9}{4}(1+4\pi)$ B. $9\left(4-\dfrac{\pi}{4}\right)$ C. $9\left(3-\dfrac{\pi}{4}\right)$ D. $\dfrac{9}{4}(2+\pi)$ E. $\dfrac{9}{4}(1+\pi)$

14. (2013-10)设直线 $y=x+b$ 分别在第一象限和第三象限与曲线 $y=\dfrac{4}{x}$ 相交于点 A,点 B,则能确定 b 的值.

(1)已知以 AB 为对角线的正方形的面积.

(2)点 A 的横坐标小于纵坐标.

专题二　圆

📖 题型框架

圆—题型:圆的基本概念

📖 真题归类

✱ 题型:圆的基本概念

> 【点拨】一般方程:$x^2+y^2+ax+by+c=0\ (a^2+b^2-4c>0)$.
>
> 配方后得:$\left(x+\dfrac{a}{2}\right)^2+\left(y+\dfrac{b}{2}\right)^2=\dfrac{a^2+b^2-4c}{4}\ (a^2+b^2-4c>0)$.
>
> 圆心坐标 $\left(-\dfrac{a}{2},-\dfrac{b}{2}\right)$,半径 $r=\dfrac{\sqrt{a^2+b^2-4c}}{2}>0$.

1. (1997-1)圆方程 $x^2-2x+y^2+4y+1=0$ 的圆心是( ).
   A. $(-1,-2)$ B. $(-1,2)$ C. $(-2,-2)$ D. $(2,-2)$ E. $(1,-2)$

2. (1998-1)设 AB 为圆 C 的直径,点 A,B 的坐标分别是 $(-3,5),(5,1)$,则圆 C 的方程是( ).
   A. $(x-2)^2+(y-6)^2=80$　　　　B. $(x-1)^2+(y-3)^2=20$
   C. $(x-2)^2+(y-4)^2=80$　　　　D. $(x-2)^2+(y-4)^2=20$
   E. $x^2+y^2=20$

3. (1999-10)一个圆通过坐标原点,又通过抛物线 $y=\dfrac{x^2}{4}-2x+4$ 与坐标轴的交点,该圆的半径为( ).
   A. $\sqrt{2}$ B. $2\sqrt{2}$ C. $3\sqrt{2}$ D. $\dfrac{\sqrt{2}}{2}$ E. $4\sqrt{2}$

4. (2007-10)圆 $x^2+(y-1)^2=4$ 与 x 轴的两个交点是( ).

A. $(-\sqrt{5},0),(\sqrt{5},0)$　　　　　　B. $(-2,0),(2,0)$

C. $(0,\sqrt{5}),(0,-\sqrt{5})$　　　　　　D. $(-\sqrt{3},0),(\sqrt{3},0)$

E. $(-\sqrt{2},-\sqrt{3}),(\sqrt{2},\sqrt{3})$

5. (2008-1)动点(x,y)的轨迹是圆.

(1) $|x-1|+|y|=4$.

(2) $3(x^2+y^2)+6x-9y+1=0$.

6. (2010-10)若圆的方程是 $x^2+y^2=1$,则它的右半圆的方程是( ).

A. $y-\sqrt{1-x^2}=0$　　　　　　B. $x-\sqrt{1-y^2}=0$

C. $y+\sqrt{1-x^2}=0$　　　　　　D. $x+\sqrt{1-y^2}=0$

E. $x^2+y^2=\dfrac{1}{2}$

7. (2015-1)圆盘 $x^2+y^2\leqslant 2(x+y)$ 被直线 L 分为面积相等的两部分.

(1) $L:x+y=2$.

(2) $L:2x-y=1$.

专题三　圆与直线

题型框架

圆与直线
- 题型一：直线与圆的位置关系
- 题型二：过圆 $(x-a)^2+(y-b)^2=r^2$ 上一点 $P(x_0,y_0)$ 作切线问题
- 题型三：直线、曲线恒过定点问题（直线系问题）
- 题型四：圆与圆的位置关系

真题归类

★ 题型一：直线与圆的位置关系

【点拨】已知直线 $l:ax+by+c=0$ 与圆 $O:(x-x_0)^2+(y-y_0)^2=r^2$, d 为圆心 (x_0,y_0) 到直线 l 的距离, 则 $\begin{cases}d>r \text{ 相离,}\\ d=r \text{ 相切,}\\ d<r \text{ 相交.}\end{cases}$

1. (1997-10)若圆的方程是 $y^2+4y+x^2-2x+1=0$，直线方程是 $3y+2x=1$，则过已知圆的圆心，并与已知直线平行的直线方程是（　　）.

   A. $2y+3x+1=0$　　　　　　B. $2y+3x-7=0$　　　　　　C. $3y+2x+4=0$

   D. $3y+2x-8=0$　　　　　　E. $2y+3x-6=0$

2. (2009-1)若圆 $C:(x+1)^2+(y-1)^2=1$ 与 x 轴交于 A 点，与 y 轴交于 B 点，则与此圆相切于劣弧 AB 中点 M（注：小于半圆的弧称为劣弧）的切线方程是（　　）.

   A. $y=x+2-\sqrt{2}$　　　　B. $y=x+1-\dfrac{1}{\sqrt{2}}$　　　　C. $y=x-1+\dfrac{1}{\sqrt{2}}$

   D. $y=x-2+\sqrt{2}$　　　　E. $y=x+1-\sqrt{2}$

3. (2010-10)直线 l 与圆 $x^2+y^2=4$ 相交于 A，B 两点，且 A，B 的中点坐标为 $(1,1)$，则直线 l 的方程为（　　）.

   A. $y-x=1$　　　　　　　　B. $y-x=2$　　　　　　　　C. $y+x=1$

   D. $y+x=2$　　　　　　　　E. $2y-3x=1$

4. (2010-10)直线 $y=k(x+2)$ 是圆 $x^2+y^2=1$ 的一条切线.

   (1) $k=-\dfrac{\sqrt{3}}{3}$.

   (2) $k=\dfrac{\sqrt{3}}{3}$.

5. (2011-1)设 P 是圆 $x^2+y^2=2$ 上的一点，该圆在点 P 的切线平行于直线 $x+y+2=0$，则点 P 的坐标为（　　）.

   A. $(-1,1)$　　B. $(1,-1)$　　C. $(0,\sqrt{2})$　　D. $(\sqrt{2},0)$　　E. $(1,1)$

6. (2011-1)直线 $ax+by+3=0$ 被圆 $(x-2)^2+(y-1)^2=4$ 截得的线段长度为 $2\sqrt{3}$.

   (1) $a=0$，$b=-1$.

   (2) $a=-1$，$b=0$.

7. (2011-10)已知直线 $y=kx$ 与圆 $x^2+y^2=2y$ 有两个交点 A，B，若弦 AB 的长度大于 $\sqrt{2}$，则 k 的取值范围是（　　）.

   A. $(-\infty,-1)$　　　　　　B. $(-1,0)$　　　　　　　　C. $(0,1)$

   D. $(1,+\infty)$　　　　　　E. $(-\infty,-1)\cup(1,+\infty)$

8. (2014-10)直线 $y=k(x+2)$ 与圆 $x^2+y^2=1$ 相切.

   (1) $k=\dfrac{1}{2}$.

   (2) $k=\dfrac{\sqrt{3}}{3}$.

9. (2015-1)若直线 $y=ax$ 与圆 $(x-a)^2+y^2=1$ 相切，则 $a^2=$（　　）.

   A. $\dfrac{1+\sqrt{3}}{2}$　　B. $1+\dfrac{\sqrt{3}}{3}$　　C. $\dfrac{\sqrt{5}}{2}$　　D. $1+\dfrac{\sqrt{5}}{3}$　　E. $\dfrac{1+\sqrt{5}}{2}$

10. (2018-1)设 a,b 为实数,则圆 $x^2+y^2=2y$ 与直线 $x+ay=b$ 不相交.
   (1) $|a-b|>\sqrt{1+a^2}$.
   (2) $|a+b|>\sqrt{1+a^2}$.

11. (2021-1)已知 $ABCD$ 是圆 $x^2+y^2=25$ 的内接四边形,若 A,C 是直线 $x=3$ 与圆 $x^2+y^2=25$ 的交点,则四边形 $ABCD$ 面积的最大值为(　　).
   A. 20　　　　B. 24　　　　C. 40　　　　D. 48　　　　E. 80

12. (2021-1)设 a 为实数,圆 $C:x^2+y^2=ax+ay$,则能确定圆 C 的方程.
   (1)直线 $x+y=1$ 与圆 C 相切.
   (2)直线 $x-y=1$ 与圆 C 相切.

13. (2021-1)设 x,y 为实数,则能确定 $x\leqslant y$.
   (1) $x^2\leqslant y-1$.
   (2) $x^2+(y-2)^2\leqslant 2$.

* **题型二：过圆 $(x-a)^2+(y-b)^2=r^2$ 上一点 $P(x_0,y_0)$ 作切线问题**

> 【点拨】将圆 $(x-a)^2+(y-b)^2=r^2$ 分解成 $(x-a)(x-a)+(y-b)(y-b)=r^2$,将其中一组 (x,y) 用 (x_0,y_0) 来替换,则切线方程为 $(x_0-a)(x-a)+(y_0-b)(y-b)=r^2$.

14. (2011-10)直线 l 是圆 $x^2-2x+y^2+4y=0$ 的一条切线.
   (1) $l:x-2y=0$.
   (2) $l:2x-y=0$.

15. (2014-1)已知直线 l 是圆 $x^2+y^2=5$ 在点 $(1,2)$ 处的切线,则 l 在 y 轴上的截距为(　　).
   A. $\dfrac{2}{5}$　　　B. $\dfrac{2}{3}$　　　C. $\dfrac{3}{2}$　　　D. $\dfrac{5}{2}$　　　E. 5

16. (2018-1)已知圆 $C:x^2+(y-a)^2=b$.若圆 C 在点 $(1,2)$ 处的切线与 y 轴的交点为 $(0,3)$,则 $ab=$(　　).
   A. -2　　　B. -1　　　C. 0　　　D. 1　　　E. 2

* **题型三：直线、曲线恒过定点问题（直线系问题）**

> 【点拨】$a_1x+b_1y+c_1=0$ 与 $a_2x+b_2y+c_2=0$ 恒过定点问题.
> 方法：将两个直线方程联立即可,求得交点坐标即为定点.

17. (2008-10)曲线 $ax^2+by^2=1$ 通过 4 个定点.
   (1) $a+b=1$.
   (2) $a+b=2$.

18. (2009-1)圆$(x-1)^2+(y-2)^2=4$ 和直线$(1+2\lambda)x+(1-\lambda)y-3-3\lambda=0$ 相交于两点.

(1)$\lambda=\dfrac{2\sqrt{3}}{5}$.

(2)$\lambda=\dfrac{5\sqrt{3}}{2}$.

✱ 题型四：圆与圆的位置关系

> 【点拨】对于两个圆的位置关系，一般采用两圆的圆心距与它们的半径和与差来判定. 若两圆有交点,包括相交、外切、内切三种情况,故当$|r_1-r_2|<d<r_1+r_2$ 时,两圆相交;当$d=r_1+r_2$ 时,两圆外切;当$d=|r_1-r_2|$ 时,两圆内切.

19. (2008-1)圆$\left(x-\dfrac{3}{2}\right)^2+(y-2)^2=r^2$ 与圆 $x^2-6x+y^2-8y=0$ 有交点.

(1)$0<r<\dfrac{5}{2}$.

(2)$r>\dfrac{15}{2}$.

20. (2009-10)圆$(x-3)^2+(y-4)^2=25$ 与圆$(x-1)^2+(y-2)^2=r^2(r>0)$ 相切.

(1)$r=5\pm2\sqrt{3}$.

(2)$r=5\pm2\sqrt{2}$.

21. (2013-1)已知平面区域
$$D_1=\{(x,y)|x^2+y^2\leqslant 9\}, D_2=\{(x,y)|(x-x_0)^2+(y-y_0)^2\leqslant 9\},$$
则 D_1,D_2 覆盖区域的边界长度为8π.

(1)$x_0^2+y_0^2=9$.

(2)$x_0+y_0=3$.

22. (2013-10)已知圆 $A:x^2+y^2+4x+2y+1=0$,则圆 B 和圆 A 相切.

(1)圆 $B:x^2+y^2-2x-6y+1=0$.

(2)圆 $B:x^2+y^2-6x=0$.

23. (2014-10)圆 $x^2+y^2+2x-3=0$ 与圆 $x^2+y^2-6y+6=0$（　　）.

A. 外离 　　B. 外切　　　C. 相交　　　D. 内切　　　E. 内含

专题四　对称问题

题型框架
对称问题—题型：关于直线对称

真题归类

★ 题型：关于直线对称

【点拨】点 $P(x_0, y_0)$，
直线 $ax+by+c=0$，
$(x-a)^2+(y-b)^2=r^2$ 关于 $a_1x+b_1y+c_1=0$ 对称.

1. (2000-1) 在平面直角坐标系中，以直线 $y=2x+4$ 为轴与原点对称的点的坐标为（　　）.

   A. $\left(-\dfrac{16}{5}, \dfrac{8}{5}\right)$　　B. $\left(-\dfrac{8}{5}, \dfrac{4}{5}\right)$　　C. $\left(\dfrac{16}{5}, \dfrac{8}{5}\right)$　　D. $\left(\dfrac{8}{5}, \dfrac{4}{5}\right)$

2. (2007-10) 点 $P_0(2,3)$ 关于直线 $x+y=0$ 的对称点是（　　）.

   A. $(4,3)$　　B. $(-2,-3)$　　C. $(-3,-2)$　　D. $(-2,3)$　　E. $(-4,-3)$

3. (2008-1) 以直线 $y+x=0$ 为对称轴且与直线 $y-3x=2$ 对称的直线方程为（　　）.

   A. $y=\dfrac{x}{3}+\dfrac{2}{3}$　　　　　　B. $y=-\dfrac{x}{3}+\dfrac{2}{3}$　　　　　　C. $y=-3x-2$

   D. $y=-3x+2$　　　　　　E. 以上结论均不正确

4. (2008-1) $a=-4$.

   (1) 点 $A(1,0)$ 关于直线 $x-y+1=0$ 的对称点是 $A'\left(\dfrac{a}{4}, -\dfrac{a}{2}\right)$.

   (2) 直线 $l_1:(2+a)x+5y=1$ 与直线 $l_2:ax+(2+a)y=2$ 垂直.

5. (2010-10) 圆 C_1 是圆 $C_2:x^2+y^2+2x-6y-14=0$ 关于直线 $y=x$ 的对称圆.

   (1) 圆 $C_1:x^2+y^2-2x-6y-14=0$.

   (2) 圆 $C_1:x^2+y^2+2y-6x-14=0$.

6. (2012-10) 直线 L 与直线 $2x+3y=1$ 关于 x 轴对称.

   (1) $L:2x-3y=1$.

   (2) $L:3x+2y=1$.

7. (2013-1) 点 $(0,4)$ 关于直线 $2x+y+1=0$ 的对称点为（　　）.

   A. $(2,0)$　　B. $(-3,0)$　　C. $(-6,1)$　　D. $(4,2)$　　E. $(-4,2)$

8. (2019-1) 设圆 C 与圆 $(x-5)^2+y^2=2$ 关于直线 $y=2x$ 对称，则圆 C 的方程为（　　）.

   A. $(x-3)^2+(y-4)^2=2$　　　　　　　　B. $(x+4)^2+(y-3)^2=2$

   C. $(x-3)^2+(y+4)^2=2$　　　　　　　　D. $(x+3)^2+(y+4)^2=2$

   E. $(x+3)^2+(y-4)^2=2$

专题五 求最值问题

题型框架

求最值问题
- 题型一：动点 P 在圆 $(x-x_0)^2+(y-y_0)^2=r^2$ 上运动，求 $\dfrac{y-b}{x-a}$ 的最值
- 题型二：利用平均值定理求最值
- 题型三：求 $ax+by$ 的最值
- 题型四：求 x^2+y^2 的最值

真题归类

★ 题型一：动点 P 在圆 $(x-x_0)^2+(y-y_0)^2=r^2$ 上运动，求 $\dfrac{y-b}{x-a}$ 的最值

【点拨】解析几何中的最值问题可以借助几何意义进行分析求解，然后根据对应的位置找到答案. 方法是利用几何意义，将 $\dfrac{y-b}{x-a}$ 看成动点 (x,y) 与定点 (a,b) 构成直线的斜率，当直线与圆相切时，取到最值.

1.(2012-10) 设 A,B 分别是圆 $(x-3)^2+(y-\sqrt{3})^2=3$ 上使得 $\dfrac{y}{x}$ 取到最大值和最小值的点，O 是坐标原点，则 $\angle AOB$ 的大小为（　　）.

A. $\dfrac{\pi}{2}$　　B. $\dfrac{\pi}{3}$　　C. $\dfrac{\pi}{4}$　　D. $\dfrac{\pi}{6}$　　E. $\dfrac{5\pi}{12}$

★ 题型二：利用平均值定理求最值

【点拨】解析几何与平均值定理相结合命题求最值，标志是在各项大于零的前提下，和为定值，积有最大值；积为定值，和有最小值. 一般可记住常用公式：$a+b \geq 2\sqrt{ab}(a,b>0)$.

2.(2010-1) 已知直线 $ax-by+3=0(a>0,b>0)$ 过圆 $x^2+4x+y^2-2y+1=0$ 的圆心，则 ab 的最大值为（　　）.

A. $\dfrac{9}{16}$　　B. $\dfrac{11}{16}$　　C. $\dfrac{3}{4}$　　D. $\dfrac{9}{8}$　　E. $\dfrac{9}{4}$

3.(2015-1) 设点 $A(0,2)$ 和 $B(1,0)$，在线段 AB 上取一点 $M(x,y)(0<x<1)$，则以 x,y 为两边长的矩形面积的最大值为（　　）.

A. $\dfrac{5}{8}$　　B. $\dfrac{1}{2}$　　C. $\dfrac{3}{8}$　　D. $\dfrac{1}{4}$　　E. $\dfrac{1}{8}$

4.(2020-1) 圆 $x^2+y^2=2x+2y$ 上的点到 $ax+by+\sqrt{2}=0$ 的距离的最小值大于 1.
(1) $a^2+b^2=1$.
(2) $a>0, b>0$.

题型三：求 $ax+by$ 的最值

【点拨】 动点 $P(x,y)$ 在 $\triangle ABC$ 上运动,求 $ax+by$ 的最值.方法是将 $\triangle ABC$ 的三个顶点坐标代入验证即可得到最值.

5. (2016-1)如图所示,点 A,B,O 的坐标分别为 $(4,0),(0,3),(0,0)$,若 (x,y) 是 $\triangle AOB$ 中的点,则 $2x+3y$ 的最大值为( ).

A. 6 B. 7
C. 8 D. 9
E. 10

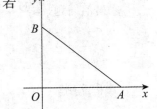

6. (2018-1)已知点 $P(m,0),A(1,3),B(2,1)$,点 (x,y) 在三角形 PAB 上,则 $x-y$ 的最小值与最大值分别为 -2 和 1.

(1) $m \leqslant 1$.

(2) $m \geqslant -2$.

题型四：求 x^2+y^2 的最值

【点拨】 方法为三步走,第一步,开根号 $\sqrt{x^2+y^2}$;第二步,转化为 $P(x,y)$ 与原点 $(0,0)$ 之间的距离;第三步,平方还原.

7. (2014-1)已知 x,y 为实数,则 $x^2+y^2 \geqslant 1$.

(1) $4y-3x \geqslant 5$.

(2) $(x-1)^2+(y-1)^2 \geqslant 5$.

8. (2018-1)设 x,y 为实数,则 $|x+y| \leqslant 2$.

(1) $x^2+y^2 \leqslant 2$.

(2) $xy \leqslant 1$.

9. (2020-1)设实数 x,y 满足 $|x-2|+|y-2| \leqslant 2$,则 x^2+y^2 的取值范围是( ).

A. $[2,18]$ B. $[2,20]$ C. $[2,36]$ D. $[4,18]$ E. $[4,20]$

第八章 立体几何

真题统计

专题	题型	问题求解题	条件充分性判断题	总计
基本几何体	长方体(正方体)的基本概念	5	1	17
	圆柱体的基本概念	8		
	球体的基本概念	3		
球与长方体、正方体、圆柱体的关系	球与长方体、正方体、圆柱体的综合应用	5	2	7

真题分析

立体几何主要是培养考生的空间想象能力,在考试中占1~2道题. 主要从两个方向考查,一是长方体、柱体、球体的表面积和体积的计算;二是将几个几何体综合在一起,比如球体与长方体、圆柱体相结合出题.

该表格按照专题(2个)、考试题型(4种)、考试形式(问题求解和条件充分性判断)统计了1月联考和10月在职考试真题. 本章以相同题型为前提,以年份为顺序进行统计,共包含问题求解题21道,条件充分性判断题3道,总计24道题. 要求考生利用好每一道真题,掌握基本概念、基本题型和基本方法,透过真题厘清命题思路,把握考试方向.

本章思维导图

立体几何
- 基本几何体
  - 题型一:长方体(正方体)的基本概念
  - 题型二:圆柱体的基本概念
  - 题型三:球体的基本概念
- 球与长方体、正方体、圆柱体的关系—题型:球与长方体、正方体、圆柱体的综合应用

专题一 基本几何体

题型框架

基本几何体
- 题型一：长方体（正方体）的基本概念
- 题型二：圆柱体的基本概念
- 题型三：球体的基本概念

真题归类

✱ 题型一：长方体（正方体）的基本概念

【点拨】熟记长方体及正方体的棱长、表面积、体积计算公式.

1. (1997-10) 一个长方体，长与宽之比是 $2:1$，宽与高之比是 $3:2$，若长方体的全部棱长之和是 220 厘米，则长方体的体积是（　　）.

   A. 2 880 立方厘米　　　B. 7 200 立方厘米　　　C. 4 600 立方厘米
   D. 4 500 立方厘米　　　E. 3 600 立方厘米

2. (2014-1) 如图所示，正方体 $ABCD-A'B'C'D'$ 的棱长为 2，F 是 $C'D'$ 的中点，则 AF 的长为（　　）.

   A. 3　　　　　　　　　B. 5
   C. $\sqrt{5}$　　　　　　　D. $2\sqrt{2}$
   E. $2\sqrt{3}$

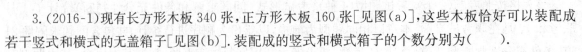

3. (2016-1) 现有长方形木板 340 张，正方形木板 160 张[见图(a)]，这些木板恰好可以装配成若干竖式和横式的无盖箱子[见图(b)].装配成的竖式和横式箱子的个数分别为（　　）.

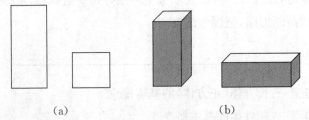

(a)　　　　　　　　　(b)

   A. 25，80　　B. 60，50　　C. 20，70　　D. 60，40　　E. 40，60

4. (2017-1) 将长、宽、高分别为 12,9,6 的长方体切割成正方体，且切割后无剩余，则能切割成相同正方体的最少个数为（　　）.

   A. 3　　　B. 6　　　C. 24　　　D. 96　　　E. 648

114

5. (2019-1)如图所示,六边形 $ABCDEF$ 是平面与棱长为 2 的正方体所截到的. 若 A,B,D,E 分别是相应棱的中点,则六边形 $ABCDEF$ 的面积为(　　).

A. $\dfrac{\sqrt{3}}{2}$ B. $\sqrt{3}$

C. $2\sqrt{3}$ D. $3\sqrt{3}$

E. $4\sqrt{3}$

6. (2020-1)则能确定长方体的体对角线.
(1)已知长方体一个顶点上的三个面的面积.
(2)已知长方体一个顶点上的三个面的对角线长度.

✱ 题型二：圆柱体的基本概念

> 【点拨】掌握圆柱体的侧面积、表面积及体积公式.

7. (1997-1)若圆柱体的高增大到原来的 3 倍,底面半径增大到原来的 1.5 倍,则其体积增大到原来体积的倍数是(　　).

A. 4.5　　B. 6.75　　C. 9　　D. 12.5　　E. 15

8. (1998-1)圆柱体的底面半径和高的比是 $1:2$,若体积增加到原来的 6 倍,底面半径和高的比保持不变,则底面半径(　　).

A. 增加到原来的 $\sqrt{6}$ 倍

B. 增加到原来的 $\sqrt[3]{6}$ 倍

C. 增加到原来的 $\sqrt{3}$ 倍

D. 增加到原来的 $\sqrt[3]{3}$ 倍

E. 增加到原来的 6 倍

9. (1999-1)一个两头密封的圆柱形水桶,水平横放时桶内有水部分占水桶一头圆周长的 $\dfrac{1}{4}$,则水桶直立时,水的高度和桶的高度之比是(　　).

A. $\dfrac{1}{4}$　　B. $\dfrac{1}{4}-\dfrac{1}{\pi}$　　C. $\dfrac{1}{4}-\dfrac{1}{2\pi}$

D. $\dfrac{1}{8}$　　E. $\dfrac{4}{\pi}$

10. (1999-10)一个圆柱体的高减少到原来的 70%,底面半径增加到原来的 130%,则它的体积(　　).

A. 不变　　B. 增加到原来的 121%

C. 增加到原来的 130%　　D. 增加到原来的 118.3%

E. 减少到原来的 91%

11. (2004-1)矩形周长为 2,将它绕其一边旋转一周,所得圆柱体积最大时的矩形面积为(　　).

A. $\dfrac{4\pi}{27}$　　B. $\dfrac{2}{3}$　　C. $\dfrac{2}{9}$

D. $\dfrac{27}{4}$　　E. 以上结论均不正确

12.(2009-10)如图所示,向放在水槽底部的口杯注水(流量一定),注满口杯后继续注水,直到注满水槽,水槽中水平面上升高度 h 与注水时间 t 之间的函数关系大致是(   ).

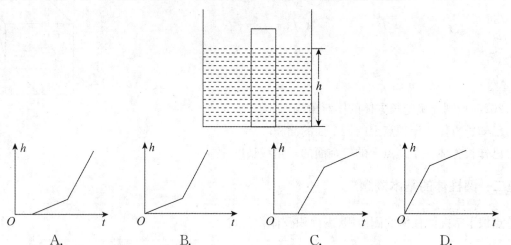

E.以上图形均不正确

13.(2015-1)有一根圆柱形铁管,厚度为 0.1 米,内径为 1.8 米,长度为 2 米,若将其熔化后做成长方体,则长方体的体积为(   ).

A. 0.38 立方米   B. 0.59 立方米

C. 1.19 立方米   D. 5.09 立方米

E. 6.28 立方米

14.(2018-1)如图所示,圆柱体的底面半径为 2,高为 3,垂直于底面的平面截圆柱体所得截面为矩形 $ABCD$,若弦 AB 所对的圆心角是 $\dfrac{\pi}{3}$,则截掉部分(较小部分)的体积为(   ).

A. $\pi-3$ B. $2\pi-6$

C. $\pi-\dfrac{3\sqrt{3}}{2}$ D. $2\pi-3\sqrt{3}$

E. $\pi-\sqrt{3}$

★ 题型三:球体的基本概念

> 【点拨】正方体的内切球的半径为棱长的一半,外接球的半径为体对角线的一半,等边圆柱内切球的直径等于圆柱的直径,圆柱外接球的直径等于圆柱的轴截面的对角线长度.

15.(1998-10)若一球体的表面积增加到原来的 9 倍,则它的体积(   ).

A. 增加到原来的 9 倍   B. 增加到原来的 27 倍

C. 增加到原来的 3 倍   D. 增加到原来的 6 倍

E. 增加到原来的 8 倍

16. (2013-1)将体积为 4π cm³ 和 32π cm³ 的两个实心金属球熔化后铸成一个实心大球,则大球的表面积为(   ).

   A. 32π cm²   B. 36π cm²   C. 38π cm²

   D. 40π cm²   E. 42π cm²

17. (2014-1)某工厂在半径 5 cm 的球形工艺品上镀一层装饰金属,厚度为 0.01 cm. 已知装饰金属的原材料是棱长为 20 cm 的正方体锭子,则加工 10 000 个该工艺品需要的锭子数最少为(不考虑加工损耗,$\pi \approx 3.14$)(   ).

   A. 2   B. 3   C. 4   D. 5   E. 20

专题二　球与长方体、正方体、圆柱体的关系

题型框架

球与长方体、正方体、圆柱体的关系——题型:球与长方体、正方体、圆柱体的综合应用

真题归类

★ 题型:球与长方体、正方体、圆柱体的综合应用

【点拨】设圆柱底面半径为 r,球半径为 R,圆柱的高为 h.

	内切球	外接球
长方体	无,只有正方体才有	体对角线 $l=2R$
正方体	棱长 $a=2R$	体对角线 $l=2R(2R=\sqrt{3}a)$
圆柱	只有轴截面是正方形的圆柱才有,此时有 $2r=h=2R$	$\sqrt{h^2+(2r)^2}=2R$

1. (2011-1)现有一个半径为 R 的球体,拟用刨床将其加工为正方体,则能加工的最大正方体的体积是(   ).

   A. $\dfrac{8}{3}R^2$ B. $\dfrac{8\sqrt{3}}{9}R^3$ C. $\dfrac{4}{3}R^3$ D. $\dfrac{1}{3}R^3$ E. $\dfrac{\sqrt{3}}{9}R^3$

2. (2012-1)如图所示,一个储物罐的下半部分是底面直径与高均是 20 m 的圆柱形,上半部分(顶部)是半球形,已知底面与顶部的造价是 400 元/m²,侧面的造价是 300 元/m²,该储物罐的造价是(   ).($\pi \approx 3.14$)

   A. 56.52 万元   B. 62.8 万元

   C. 75.36 万元   D. 87.92 万元

E. 100.48 万元

3. (2015-1)底面半径为 r,高为 h 的圆柱体表面积为 S_1,半径为 R 的球体表面积为 S_2,则 $S_1 \leqslant S_2$.

(1) $R \geqslant \dfrac{r+h}{2}$. (2) $R \leqslant \dfrac{2h+r}{3}$.

4. (2016-1)如图所示,在半径为 10 厘米的球体上开一个底面半径是 6 厘米的圆柱形洞,则洞的内壁面积为(　　).(单位:平方厘米)

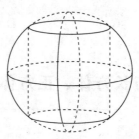

A. 48π　　　B. 288π　　　C. 96π　　　D. 576π　　　E. 192π

5. (2017-1)如图所示,一个铁球沉入水池中,则能确定铁球的体积.

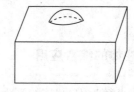

(1)已知铁球露出水面的高度.
(2)已知水深及铁球与水面交线的周长.

6. (2019-1)如图所示,正方体位于半径为 3 的球内,且其一面位于球的大圆上,则正方体表面积最大为(　　).

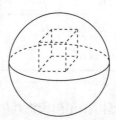

A. 12　　　B. 18　　　C. 24　　　D. 30　　　E. 36

7. (2021-1)若球体的内接正方体的体积为 $8\ \text{m}^3$,则该球体的表面积为(　　).
A. $4\pi\ \text{m}^2$　　B. $6\pi\ \text{m}^2$　　C. $8\pi\ \text{m}^2$　　D. $12\pi\ \text{m}^2$　　E. $24\pi\ \text{m}^2$

第四部分　数据分析

第九章　排列组合

真题统计

专题	题型	问题求解题	条件充分性判断题	总计
加法原理和乘法原理	两个计数原理的应用	2		2
组合、阶乘及排列的定义及公式	组合数、排列数的计算问题	2	2	40
	分类原理、分步原理的应用	13	2	
	二项式定理	1		
	站排问题	1	1	
	相邻问题	1		
	插空问题	1		
	至多、至少问题	1		
	某元素不在某位置问题	1		
	分房问题	1		
	元素不对号问题	2		
	分组、分配问题	7		
	除法原理	1		
	隔板法——相同元素分配问题	1		
	全能元素问题	1		
	涂色问题	1		

真题分析

排列组合是管理类联考数学中的重难点,历年考题通常考查 2～3 道题目,且由于第十章中古典概型的基础依然是排列组合,因此本质上历年考查排列组合的题目有 4 道左右.

该表格按照专题(2 个)、考试题型(16 种)、考试形式(问题求解和条件充分性判断)统计了 1 月联考和 10 月在职考试真题.本章以相同题型为前提,以年份为顺序进行统计,共包含问题求解题 37

道,条件充分性判断题 5 道,总计 42 道题.要求考生利用好每一道真题,掌握基本概念、基本题型和基本方法,透过真题厘清命题思路,把握考试方向.

高频题型:分类原理、分步原理的应用,分组、分配问题.

低频题型:两个计数原理的应用,组合数、排列数的计算问题,二项式定理,站排问题,相邻问题,插空问题,至多、至少问题,某元素不在某位置问题,分房问题,元素不对号问题,除法原理,隔板法——相同元素分配问题,全能元素问题,涂色问题.

本章思维导图

排列组合
- 加法原理和乘法原理—题型:两个计数原理的应用
- 组合、阶乘及排列的定义及公式
  - 题型一:组合数、排列数的计算问题
  - 题型二:分类原理、分步原理的应用
  - 题型三:二项式定理
  - 题型四:站排问题
  - 题型五:相邻问题
  - 题型六:插空问题
  - 题型七:至多、至少问题
  - 题型八:某元素不在某位置问题
  - 题型九:分房问题
  - 题型十:元素不对号问题
  - 题型十一:分组、分配问题
  - 题型十二:除法原理
  - 题型十三:隔板法——相同元素分配问题
  - 题型十四:全能元素问题
  - 题型十五:涂色问题

专题一　加法原理和乘法原理

题型框架

加法原理和乘法原理—题型:两个计数原理的应用

真题归类

✶ 题型:两个计数原理的应用

【点拨】先区分事情是分类处理还是分步处理,然后对应采用加法原理或乘法原理即可.

1.(2008-10)某公司员工义务献血,在体检合格的人中,O型血的有10人,A型血的有5人,B型血的有8人,AB型血的有3人,若从四种血型的人中各选1人去献血,则不同的选法种数共有( ).

A.1 200　　　B.600　　　C.400　　　D.300　　　E.26

2.(2013-1)确定两人从A地出发经过B,C,沿逆时针方向行走一圈回到A地的方案(见图).若从A地出发时,每人均可选大路或山道,经过B,C时,至多有一人可以更改道路,则不同的方案有( ).

A.16种　　　　　　　B.24种

C.36种　　　　　　　D.48种

E.64种

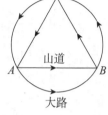

专题二　组合、阶乘及排列的定义及公式

题型框架

组合、阶乘及排列的定义及公式
- 题型一:组合数、排列数的计算问题
- 题型二:分类原理、分步原理的应用
- 题型三:二项式定理
- 题型四:站排问题
- 题型五:相邻问题
- 题型六:插空问题
- 题型七:至多、至少问题
- 题型八:某元素不在某位置问题
- 题型九:分房问题
- 题型十:元素不对号问题
- 题型十一:分组、分配问题
- 题型十二:除法原理
- 题型十三:隔板法——相同元素分配问题
- 题型十四:全能元素问题
- 题型十五:涂色问题

真题归类

题型一：组合数、排列数的计算问题

> 【点拨】熟记常见组合数、排列数计算公式和性质.
> (1) $P_n^m = n(n-1)(n-2)\cdots(n-m+1)$；
> (2) $P_n^n = n(n-1)(n-2)\cdot\cdots\cdot 3\cdot 2\cdot 1 = n!$；
> (3) $C_n^m = \dfrac{P_n^m}{m!}$；
> (4) $C_n^m = C_n^{n-m}$；
> (5) $C_n^1 = n$；
> (6) $C_n^n = 1$.

1. (2001-10) 若 $C_{m-1}^{m-2} = \dfrac{3}{n-1} C_{n+1}^{n-2}$，则（　　）.

   A. $m = n-2$　　B. $m = n+2$　　C. $m = \sum\limits_{k=1}^{n} k$　　D. $m = 1 + \sum\limits_{k=1}^{n} k$

2. (2002-1) 方程 $\dfrac{1}{C_5^x} - \dfrac{1}{C_6^x} = \dfrac{7}{10 C_7^x}$ 的解是（　　）.

   A. 4　　　　B. 3　　　　C. 2　　　　D. 1

3. (2008-10) $C_n^4 > C_n^6$.

   (1) $n = 10$.
   (2) $n = 9$.

4. (2010-10) $C_{31}^{4n-1} = C_{31}^{n+7}$.

   (1) $n^2 - 7n + 12 = 0$.
   (2) $n^2 - 10n + 24 = 0$.

题型二：分类原理、分步原理的应用

> 【点拨】实际应用中，通常先分类，再分步. 分类解决问题时采用加法原理，分步分析则用乘法原理.

5. (1997-10) 某公司电话号码有5位，若第一位数字必须是5，其余各位可以是0到9的任意一个，则由完全不同的数字组成的电话号码的个数是（　　）.

   A. 126　　　B. 1 260　　　C. 3 024　　　D. 5 040　　　E. 30 240

6. (1999-10) 从 0,1,2,3,5,7,11 七个数字中每次取两个数相乘，不同的积有（　　）种.

   A. 15　　　B. 16　　　C. 19　　　D. 23　　　E. 21

7. (2001-10) 一个班里有5名男工和4名女工，若要安排3名男工和2名女工分别担任不同的工作，则不同的安排方法有（　　）种.

   A. 300　　　B. 720　　　C. 1 440　　　D. 7 200

8. (2008-1)公路 AB 上各站之间共有 90 种不同的车票.

(1)公路 AB 上有 10 个车站,每两站之间都有往返车票.

(2)公路 AB 上有 9 个车站,每两站之间都有往返车票.

9. (2009-1)湖中有四个小岛,它们的位置恰好近似构成正方形的四个顶点,若要修建三座桥将这四个小岛连接起来,则不同的建桥方案有(　　)种.

  A. 12   B. 16   C. 13   D. 20   E. 24

10. (2012-1)某商店经营 15 种商品,每次在橱窗内陈列 5 种,若每两次陈列的商品不完全相同,则最多可陈列(　　)次.

  A. 3 000   B. 3 003   C. 4 000   D. 4 003   E. 4 300

11. (2012-10)某次乒乓球单打比赛中,先将 8 名选手等分为 2 组进行小组单循环赛,若一位选手打了 1 场比赛后因故退赛,则小组赛的实际比赛场数是(　　).

  A. 24   B. 19   C. 12   D. 11   E. 10

12. (2013-1)三个科室的人数分别为 6,3,2,因工作需要,每晚需要排 3 人值班,则在两个月中可以使每晚的值班人员不完全相同.

(1)值班人员不能来自同一科室.

(2)值班人员来自三个不同科室.

13. (2014-10)在一次足球预选赛中有 5 个球队进行双循环赛(每两个球队之间赛两场),规定胜一场得 3 分,平一场得 1 分,负一场得 0 分,赛完后一个球队的积分不同情况的种数为(　　).

  A. 25   B. 24   C. 23   D. 22   E. 21

14. (2015-1)平面上有 5 条平行直线与另一组 n 条平行直线垂直,若两组平行直线共构成 280 个矩形,则 $n=$(　　).

  A. 5   B. 6   C. 7   D. 8   E. 9

15. (2016-1)某委员会由三个不同专业的人员构成,三个专业的人数分别为 2,3,4. 从中选派两位不同专业的委员外出调研,则不同的选派方式有(　　).

  A. 36 种   B. 26 种   C. 12 种   D. 8 种   E. 6 种

16. (2016-1)某学生要在 4 门不同课程中选修 2 门课程,这 4 门课程中的 2 门各开设 1 个班级,另外两门各开设 2 个班,该学生不同的选课方式共有(　　).

  A. 6 种   B. 8 种   C. 10 种   D. 13 种   E. 15 种

17. (2018-1)羽毛球队有 4 名男运动员和 3 名女运动员,从中选出两队参加混双比赛,则不同的选派方式有(　　).

  A. 9 种   B. 18 种   C. 24 种   D. 36 种   E. 72 种

18. (2019-1)某中学的 5 个学科各推荐了 2 名教师作为支教候选人.若从中选派来自不同学科的 2 人参加支教工作,则不同的选派方式有(　　).

  A. 20 种   B. 24 种   C. 30 种   D. 40 种   E. 45 种

19. (2021-1)甲、乙两组同学中,甲组有 3 名男同学、3 名女同学,乙组有 4 名男同学、2 名女同学,从甲、乙两组中各选 2 名同学,这 4 人中恰有 1 名女同学的选法有( ).

A. 26 种　　　B. 54 种　　　C. 70 种　　　D. 78 种　　　E. 105 种

* **题型三:二项式定理**

【点拨】二项式定理:$(a+b)^n = C_n^0 a^0 b^n + C_n^1 a^1 b^{n-1} + \cdots + C_n^k a^k b^{n-k} + \cdots + C_n^n a^n b^0 (n \in \mathbf{N}_+)$.
等号右边共有 $n+1$ 项,其中第 $k+1$ 项的系数为 $T_{k+1} = C_n^k (k = 0, 1, 2, \cdots, n)$.

20. (2013-1)在 $(x^2 + 3x + 1)^5$ 的展开式中,x^2 的系数为( ).

A. 5　　　B. 10　　　C. 45　　　D. 90　　　E. 95

* **题型四:站排问题**

【点拨】掌握直排、多排、环排与平均站排问题等多种不同解题方法,判断适用方法即可.
在真题中尤其注意,若题目中规定几个位置有限制条件,在求解时,优先考虑满足这几个特殊位置的限制条件,再处理其他位置.

21. (2011-1)现有 3 名男生和 2 名女生参加面试,则面试的排序法有 24 种.
   (1)第一位面试的是女生.
   (2)第二位面试的是某指定男生.

22. (2012-1)在两队进行的羽毛球对抗赛中,每队派出 3 男、2 女共 5 名运动员进行 5 局单打比赛,如果女子比赛安排在第二局和第四局进行,则每队队员的不同出场顺序有( )种.

A. 12　　　B. 10　　　C. 8　　　D. 6　　　E. 4

* **题型五:相邻问题**

【点拨】第一步:先将相邻元素"打包",注意包内顺序;
第二步:将包看成一个元素与其他元素进行排列.

23. (2011-1)3 个三口之家一起观看演出,他们购买了同一排的 9 张连座票,则每一家的人都坐在一起的不同坐法有( )种.

A. $(3!)^2$　　　B. $(3!)^3$　　　C. $3(3!)^3$　　　D. $(3!)^4$　　　E. $9!$

* **题型六:插空问题(解决元素的不相邻问题)**

【点拨】第一步:先将不插空元素全排列;
第二步:将要插空元素放入空内进行全排列.

24.(2008-1)有两排座位,前排6个座,后排7个座,若安排2人就座,规定前排中间两个座位不能坐,且此两人始终不能相邻而坐,则不同的坐法种数为(　　).

A.92　　　　B.93　　　　C.94　　　　D.95　　　　E.96

★ 题型七：至多、至少问题

【点拨】题目中出现
(1)"至少两个及以上"：分类法.
(2)"至少一个"：对立面求解.

25.(2002-10)某办公室有男职工5人,女职工4人,欲从中抽调3人支援其他工作,但至少有2位是男职工,则抽调方案有(　　)种.

A.50　　　　B.40　　　　C.30　　　　D.20　　　　E.10

★ 题型八：某元素不在某位置问题

【点拨】出现某元素不在某位置时,一定要优先让其他元素占据该位置.

26.(1999-1)加工某产品需要经过5个工种,其中某一工种不能最后加工,则可安排(　　)种工序.

A.96　　　　B.102　　　　C.112　　　　D.92　　　　E.86

★ 题型九：分房问题（解决 n 个不同的元素进入 m 个不同的位置问题）

【点拨】不同的元素无限制的进入到不同的位置,直接套公式 m^n 或者用乘法原理.

27.(2007-10)有5个人报名参加3项不同的培训,每人都只报1项,则不同的报法有(　　)种.

A.243　　　　B.125　　　　C.81　　　　D.60

★ 题型十：元素不对号问题

【点拨】所有元素对号安排,只有1种方法；两个元素不对号安排有1种方法；三个元素不对号安排有2种方法；四个元素不对号安排有9种方法；五个元素不对号安排有44种方法.

28.(2014-1)某单位决定对4个部门的经理进行轮岗,要求4个部门的经理必须轮换到四个部门中的其他部门任职,则不同的轮岗方案有(　　)种.

A.3　　　　B.6　　　　C.8　　　　D.9　　　　E.10

29.(2018-1)某单位为检查3个部门的工作,由这3个部门的主任和外聘的3名人员组成检查组,分2人一组检查工作,每组有1名外聘成员,规定本部门主任不能检查本部门,则不同的安排方式有( ).

  A.6 种   B.8 种   C.12 种   D.18 种   E.36 种

★ 题型十一:分组、分配问题

> 【点拨】分组问题:对于平均分成的组,由于每组数量相同,因此无论顺序如何,都是只有一种情况,所以分组之后要通过除法消除顺序,即 n 个均分的组,要除以 $n!$;对于非平均分成的组,由于每组数量不同,则不需要消除顺序.
>
>   分配问题:主要有定向分配和任意分配这两种出题角度.定向分配需要注意被分配对象的分配元素数量是否相同,若相同,则需要注意分配顺序,即局部排序,n 个分配对象中有 m 个对象分配元素个数相同,则要乘 $m!$;任意分配需要注意全排序,即 n 个分配对象要乘 $n!$.

30.(2000-10)3位教师分配到6个班级,若其中一人教1个班,一人教2个班,一人教3个班,则共有分配方法( )种.

  A.720   B.360   C.120   D.60   E.20

31.(2001-1)将4封信投入3个不同的邮筒,若4封信全部投完,且每个邮筒至少投入1封信,则投法共有( )种.

  A.12   B.21   C.36   D.42

32.(2010-1)某大学派出5名志愿者到西部4所中学支教,若每所中学至少有一名志愿者,则不同的分配方案有( )种.

  A.240   B.144   C.120   D.60   E.24

33.(2013-10)在某次比赛中有6名选手进入决赛,若决赛设有1个一等奖、2个二等奖、3个三等奖,则可能的结果共有( )种.

  A.16   B.30   C.45   D.60   E.120

34.(2017-1)将6个人分成3组,每组2人,则不同的分组方式共有( )种.

  A.12   B.15   C.30   D.45   E.90

35.(2018-1)将6张不同的卡片2张一组,分别装入甲、乙、丙3个袋中,若指定的2张卡片要在同一组,则不同的装法有( ).

  A.12 种   B.18 种   C.24 种   D.30 种   E.36 种

36.(2020-1)某科室有4名男职员、2名女职员.若将这6名职员分为3组,每组2人,且女职员不同组,则不同的分组方式有( ).

  A.4 种   B.6 种   C.9 种   D.12 种   E.15 种

✱ 题型十二：除法原理

> 【点拨】n 个元素中有 m 个元素相同，其他元素不同，排序方法数是 $\dfrac{n!}{m!}$.
>
> n 个不同元素中有 m 个元素顺序固定，排序方法数是 $\dfrac{n!}{m!}$.
>
> 位置定序问题，无须考虑位置的排序，使用除法消除排序.

37.（2014-10）用 0,1,2,3,4,5 组成没有重复数字的四位数，其中千位数字大于百位数字且百位数字大于十位数字的四位数的个数是（　　）.

　　A. 36　　　　B. 40　　　　C. 48　　　　D. 60　　　　E. 72

✱ 题型十三：隔板法——相同元素分配问题

> 【点拨】n 个大小完全相同的元素，分给 m 个人，有以下结论.
> (1) 每人至少一个：C_{n-1}^{m-1}.
> (2) 随便分（允许为空）：C_{n+m-1}^{m-1}.
> (3) 每人至少 2 个或以上：先尽最大努力满足每个元素的最基本要求，然后对剩下的元素随便分.

38.（2009-10）将 10 个相同的球随机放入编号为 1,2,3,4 的四个盒子中，则每个盒子不空的投放方法有（　　）种.

　　A. 72　　　　B. 84　　　　C. 96　　　　D. 108　　　　E. 120

✱ 题型十四：全能元素问题

> 【点拨】类型一：全能元素有一个，用分类法，就看全能元素是否参选.
> 类型二：全能元素有多个.
> 以数字最少为参考对象.
> (1) 全能元素构成.
> (2) 不是全能元素构成.

39.（2011-10）在 8 名志愿者中，只能做英语翻译的有 4 人，只能做法语翻译的有 3 人，既能做英语翻译又能做法语翻译的有 1 人，现从这些志愿者中选取 3 人做翻译工作，确保英语和法语都有翻译的不同选法共有（　　）种.

　　A. 12　　　　B. 18　　　　C. 21　　　　D. 30　　　　E. 51

题型十五：涂色问题

> 【点拨】涂色问题通常要求每个区域一个颜色，相邻区域不能同色；考生只须了解《MBA MPA MPAcc MEM 管理类联考数学45讲》中常见的涂色图形即可，近几年，真题涂色问题考查较少．

40.（2000-1）用5种不同的颜色涂在图中四个区域里，每一个区域涂一种颜色，相邻的区域涂不同颜色，则共有（　　）种不同的染色方法．

A．120　　B．180　　C．210
D．300　　E．510

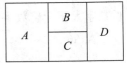

第十章 概 率

真题统计

专题	题型	问题求解题	条件充分性判断题	总计
古典概型	穷举问题	7	1	52
	摸球问题	10	2	
	随机取样问题	24	4	
	分房问题	4		
相互独立事件与伯努利概型	事件的独立性	16	2	31
	伯努利独立重复试验	6	7	

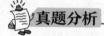

真题分析

概率是管理类联考数学中的重难点,历年考题通常考查2道题目,其中古典概型以排列组合为基础,相互独立事件与伯努利概型难度相对不高.

该表格按照专题(2个)、考试题型(6种)、考试形式(问题求解和条件充分性判断)统计了1月联考和10月在职考试真题.本章以相同题型为前提,以年份为顺序进行统计,共包含问题求解题67道,条件充分性判断题16道,总计83道题.要求考生利用好每一道真题,掌握基本概念、基本题型和基本方法,透过真题厘清命题思路,把握考试方向.

高频题型:随机取样问题,事件的独立性.

中、低频题型:穷举问题,摸球问题,分房问题,伯努利独立重复试验.

本章思维导图

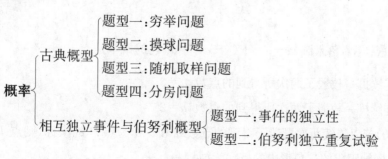

专题一 古典概型

题型框架

古典概型
- 题型一：穷举问题
- 题型二：摸球问题
- 题型三：随机取样问题
- 题型四：分房问题

真题归类

★ 题型一：穷举问题

【点拨】有限问题可穷举归纳.

(1) 使用情况：当在题目条件对元素的约束下，出现

①无法对元素直接选取组合计数；

②元素选取之间相互干扰，

这两种情况之一或者两者均有时，需根据题干要求进行列举求解.

(2) 列举时注意：

①明确好约束标准，避免出现多或漏的情形；

②按照既定的顺序列举，例如，字母相关可以采用字典顺序列举，数字相关可以采用由小到大（或由大到小）的顺序列举等.

1. (2008-10) 若以连续掷两枚骰子分别得到的点数 a 和 b 作为点 M 的坐标，则点 M 落入圆 $x^2+y^2=18$ 内（不含圆周）的概率是（   ）.

A. $\dfrac{7}{36}$ B. $\dfrac{2}{9}$ C. $\dfrac{1}{4}$ D. $\dfrac{5}{18}$ E. $\dfrac{11}{36}$

2. (2009-1) 点 (s,t) 落入圆 $(x-a)^2+(y-a)^2=a^2$ 内的概率是 $\dfrac{1}{4}$.

(1) s,t 是连续掷一枚骰子两次所得到的点数，$a=3$.

(2) s,t 是连续掷一枚骰子两次所得到的点数，$a=2$.

3. (2009-10) 若以连续两次掷骰子得到的点数 a 和 b 作为点 P 的坐标，则点 $P(a,b)$ 落在直线 $x+y=6$ 和两坐标轴围成的三角形内的概率为（   ）.

A. $\dfrac{1}{6}$ B. $\dfrac{7}{36}$ C. $\dfrac{2}{9}$ D. $\dfrac{1}{4}$ E. $\dfrac{5}{18}$

4. (2016-1)在分别标记了数字1,2,3,4,5,6的6张卡片中随机取出3张,其上数字之和等于10的概率是(　　).

   A. 0.05　　　B. 0.1　　　C. 0.15　　　D. 0.2　　　E. 0.25

5. (2016-1)从1到100的整数中任取一个数,则该数能被5或7整除的概率为(　　).

   A. 0.02　　　B. 0.14　　　C. 0.2　　　D. 0.32　　　E. 0.34

6. (2017-1)甲从1,2,3中抽取一个数,记作a;乙从1,2,3,4中抽取一个数,记作b;规定当$a>b$或者$a+1<b$时甲获胜,则甲获胜的概率为(　　).

   A. $\frac{1}{6}$　　　B. $\frac{1}{4}$　　　C. $\frac{1}{3}$　　　D. $\frac{5}{12}$　　　E. $\frac{1}{2}$

7. (2018-1)从标号为1到10的10张卡片中随机抽取2张,它们的标号之和能被5整除的概率为(　　).

   A. $\frac{1}{5}$　　　B. $\frac{1}{9}$　　　C. $\frac{2}{9}$　　　D. $\frac{2}{15}$　　　E. $\frac{7}{45}$

8. (2019-1)在分别标记了数字1,2,3,4,5,6的6张卡片中,甲随机抽取1张后,乙从余下的卡片中再随机抽取2张. 乙的卡片数字之和大于甲的卡片数字的概率为(　　).

   A. $\frac{11}{60}$　　　B. $\frac{13}{60}$　　　C. $\frac{43}{60}$　　　D. $\frac{47}{60}$　　　E. $\frac{49}{60}$

✻ 题型二:摸球问题

【点拨】黑球、白球,或者正品、次品,都归为古典概型. 计算公式:

$$P(A)=\frac{\text{事件}A\text{包含的基本事件数}k}{\text{样本空间中基本事件总数}n}=\frac{\text{分子的排列组合}}{\text{分母的排列组合}}.$$

在计算分子或分母时,通常用到经典模型:袋中有n个球,其中有k个白球、$n-k$个黑球,则从袋中取$m(m\leq n)$个球,其中$a(a\leq m)$个白球的情况数为$C_k^a C_{n-k}^{m-a}$种.

9. (1997-1)10件产品中有3件次品,从中随机抽取2件,至少抽到1件次品的概率是(　　).

   A. $\frac{1}{3}$　　　B. $\frac{2}{5}$　　　C. $\frac{7}{15}$　　　D. $\frac{8}{15}$　　　E. $\frac{3}{5}$

10. (1997-10)一批灯泡共10只,其中有3只质量不合格,今从该批灯泡中随机取出5只,问:

    (1)这5只灯泡都合格的概率是(　　).

    A. $\frac{7}{36}$　　　B. $\frac{5}{24}$　　　C. $\frac{1}{6}$　　　D. $\frac{5}{36}$　　　E. $\frac{1}{12}$

    (2)这5只灯泡中只有3只合格的概率是(　　).

    A. $\frac{5}{12}$　　　B. $\frac{1}{12}$　　　C. $\frac{7}{24}$　　　D. $\frac{11}{24}$　　　E. $\frac{1}{6}$

11. (1999-1)设N件产品中D件是不合格品,从这N件产品中任取2件,则恰有1件不合格的概率是(　　).

A. $\dfrac{DN}{N(N-1)}$ B. $\dfrac{D(D-1)}{N(N-1)}$ C. $\dfrac{D(N-D)}{N(N-1)}$

D. $\dfrac{D-1}{2(N-D)}$ E. $\dfrac{2D(N-D)}{N(N-1)}$

12. (1999-1)甲盒内有红球 4 只,黑球 2 只,白球 2 只;乙盒内有红球 5 只,黑球 3 只;丙盒内有黑球 2 只,白球 2 只,从这三个盒子的任意一个中任意取 1 只球,它是红球的概率是(　　).

   A. 0.562 5   B. 0.5   C. 0.45   D. 0.375   E. 0.225

13. (1999-10)盒中有 4 只球,其中红球、黑球、白球各 1 只,另有 1 只红、黑、白三色球,现从中任取 2 球,其中恰有一球上有红色的概率为(　　).

   A. $\dfrac{1}{6}$ B. $\dfrac{1}{3}$ C. $\dfrac{1}{2}$ D. $\dfrac{2}{3}$ E. $\dfrac{5}{6}$

14. (2000-1)袋中有 6 只红球、4 只黑球,今从袋中随机取出 4 只球,设取到一只红球得 2 分,取到一只黑球得 1 分,则得分不大于 6 分的概率是(　　).

   A. $\dfrac{23}{42}$ B. $\dfrac{4}{7}$ C. $\dfrac{25}{42}$ D. $\dfrac{13}{21}$

15. (2001-10)一只口袋中有 5 只同样大小的球,编号分别为 1,2,3,4,5,今从中随机抽取 3 只球,则取到的球中最大号码为 4 的概率为(　　).

   A. 0.3   B. 0.4   C. 0.5   D. 0.6

16. (2007-10)从含有 2 件次品,$n-2(n>2)$ 件正品的 n 件产品中随机抽查 2 件,其中恰有 1 件次品的概率为 0.6.

   (1) $n=5$.
   (2) $n=6$.

17. (2012-10)在一个不透明的布袋中装有 2 只白球、m 只黄球和若干只黑球,它们只有颜色不同,则 $m=3$.

   (1) 从布袋中随机摸出 1 只球,摸到白球的概率是 0.2.
   (2) 从布袋中随机摸出 1 只球,摸到黄球的概率是 0.3.

18. (2013-1)已知 10 件产品中有 4 件一等品,从中任取 2 件,则至少有 1 件一等品的概率为(　　).

   A. $\dfrac{1}{3}$ B. $\dfrac{2}{3}$ C. $\dfrac{2}{15}$ D. $\dfrac{8}{15}$ E. $\dfrac{13}{15}$

19. (2014-10)李明的讲义夹里放了大小相同的试卷共 12 页,语文 5 页、数学 4 页、英语 3 页,他随机地从讲义夹中抽出 1 页,抽出的是数学试卷的概率等于(　　).

   A. $\dfrac{1}{12}$ B. $\dfrac{1}{6}$ C. $\dfrac{1}{5}$ D. $\dfrac{1}{4}$ E. $\dfrac{1}{3}$

20. (2021-1)从装有 1 个红球、2 个白球、3 个黑球的袋中随机取出 3 个球,则这 3 个球的颜色至多有两种的概率为(　　).

   A. 0.3   B. 0.4   C. 0.5   D. 0.6   E. 0.7

✳ 题型三：随机取样问题

> 【点拨】取样问题的难点主要在于取样方式的区别. 此类问题需要注意：逐次无放回取样和一次取样的概率相同；逐次取样注意顺序，一次性取样不考虑顺序.

21. (1997-10) 一种编码由 6 位数字组成，其中每位数字可以是 $0,1,2,\cdots,9$ 中的任意一个，求编码的前两位数字都不超过 5 的概率为(　　).

    A. 0.36　　　B. 0.37　　　C. 0.38　　　D. 0.46　　　E. 0.39

22. (2000-1) 某人忘记三位号码锁（每位均有 0～9 十个数码可选）的最后一个数码，因此在正确拨出前两个数码后，只能随机地试拨最后一个数码，每拨一次算作一次试开，则他在第 4 次试开时才将锁打开的概率是(　　).

    A. $\dfrac{1}{4}$　　　B. $\dfrac{1}{6}$　　　C. $\dfrac{2}{3}$　　　D. $\dfrac{1}{10}$

23. (2000-10) 某剧院正在上演一部新歌剧，前座票价为 50 元，中座票价为 35 元，后座票价为 20 元，如果购到任何一种票都是等可能性的，现任意购买 2 张票，则其值不超过 70 元的概率是(　　).

    A. $\dfrac{1}{3}$　　　B. $\dfrac{1}{2}$　　　C. $\dfrac{3}{5}$　　　D. $\dfrac{2}{3}$

24. (2001-1) 在共有 10 个座位的小会议室内随机坐 6 名与会者，则指定的 4 个座位被坐满的概率为(　　).

    A. $\dfrac{1}{14}$　　　B. $\dfrac{1}{13}$　　　C. $\dfrac{1}{12}$　　　D. $\dfrac{1}{11}$

25. (2001-1) 将一块各面均涂有红漆的正立方体锯成 125 个大小相同的小正立方体，从这些小正立方体中随机抽取一个，所取得的小正立方体至少两面涂有红漆的概率是(　　).

    A. 0.064　　　B. 0.216　　　C. 0.288　　　D. 0.352

26. (2001-1) 甲文具盒内有 2 支蓝色笔和 3 支黑色笔，乙文具盒内也有 2 支蓝色笔和 3 支黑色笔，现从甲文具盒中任取 2 支笔放入乙文具盒，然后再从乙文具盒中任取 2 支笔，则最后取出的 2 支笔都是黑色笔的概率为(　　).

    A. $\dfrac{23}{70}$　　　B. $\dfrac{27}{70}$　　　C. $\dfrac{29}{70}$　　　D. $\dfrac{3}{7}$

27. (2001-10) 从集合 $\{0,1,3,5,7\}$ 中先任取一个数记为 a，放回集合后再任取一个数记为 b，若 $ax+by=0$ 能表示一条直线，则该直线的斜率等于 -1 的概率是(　　).

    A. $\dfrac{4}{25}$　　　B. $\dfrac{1}{6}$　　　C. $\dfrac{1}{4}$　　　D. $\dfrac{1}{15}$

28. (2002-1) 在盛有 10 只螺母的盒子中有 0 只，1 只，2 只，$\cdots$，10 只铜螺母是等可能的，今向盒中放入 1 只铜螺母，然后随机从盒中取出 1 只螺母，则这只螺母为铜螺母的概率是(　　).

    A. $\dfrac{6}{11}$　　　B. $\dfrac{5}{10}$　　　C. $\dfrac{5}{11}$　　　D. $\dfrac{4}{11}$

29. (2002-10)从6双不同的鞋子中任取4只,则其中没有成双鞋子的概率是( ).

A. $\dfrac{4}{11}$ B. $\dfrac{5}{11}$ C. $\dfrac{16}{33}$ D. $\dfrac{2}{3}$

30. (2006-10)一批产品的合格率为95%,而合格率中一等品占60%,其余为二等品,现从中任取一件检验,这件产品是二等品的概率为( ).

A. 0.57   B. 0.38   C. 0.35
D. 0.26   E. 以上结论均不正确

31. (2009-1)在36人中,血型情况如下:A型12人,B型10人,AB型8人,O型6人,若从中随机选出两人,则两人血型相同的概率为( ).

A. $\dfrac{77}{315}$ B. $\dfrac{44}{315}$ C. $\dfrac{33}{315}$

D. $\dfrac{9}{122}$ E. 以上结果均不正确

32. (2010-1)某商店举行店庆活动,顾客消费达到一定数量后,可以在4种赠品中随机选取2件不同的赠品,任意两位顾客所选的赠品中,恰有1件品种相同的概率是( ).

A. $\dfrac{1}{6}$ B. $\dfrac{1}{4}$ C. $\dfrac{1}{3}$ D. $\dfrac{1}{2}$ E. $\dfrac{2}{3}$

33. (2010-1)某装置的启动密码是由0到9中的3个不同的数字组成,连续三次输入错误密码就会导致该装置永久关闭,一个仅记得密码是由3个不同数字组成的人能够启动该装置的概率为( ).

A. $\dfrac{1}{120}$ B. $\dfrac{1}{168}$ C. $\dfrac{1}{240}$ D. $\dfrac{1}{720}$ E. $\dfrac{3}{1\,000}$

34. (2010-10)某公司有9名工程师,张三是其中之一,从中任意抽调4人组成公关小组,包括张三的概率是( ).

A. $\dfrac{2}{9}$ B. $\dfrac{2}{5}$ C. $\dfrac{1}{3}$ D. $\dfrac{4}{9}$ E. $\dfrac{5}{9}$

35. (2011-1)现从5名管理专业、4名经济专业和1名财会专业的学生中随机派出一个3人小组,则该小组中3个专业各有1名学生的概率为( ).

A. $\dfrac{1}{2}$ B. $\dfrac{1}{3}$ C. $\dfrac{1}{4}$ D. $\dfrac{1}{5}$ E. $\dfrac{1}{6}$

36. (2011-10)10名网球选手中有2名种子选手,现将他们分成两组,每组5人,则2名种子选手不在同一组的概率为( ).

A. $\dfrac{5}{18}$ B. $\dfrac{4}{9}$ C. $\dfrac{5}{9}$ D. $\dfrac{1}{2}$ E. $\dfrac{2}{3}$

37. (2012-1)在一次商品促销活动中,主持人出示了一个9位数,让顾客猜测商品的价格,商品的价格是该9位数中从左到右相邻的3个数字组成的3位数,若主持人出示的是513 535 319,则顾客一次猜中价格的概率是( ).

A. $\dfrac{1}{7}$ B. $\dfrac{1}{6}$ C. $\dfrac{1}{5}$ D. $\dfrac{2}{7}$ E. $\dfrac{1}{3}$

38.（2012-10）如图所示是一个简单的电路图，S_1，S_2，S_3表示开关，随机闭合S_1，S_2，S_3中的两个，灯泡⊗发光的概率是（　　）．

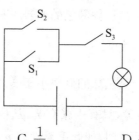

A. $\dfrac{1}{6}$ B. $\dfrac{1}{4}$ C. $\dfrac{1}{3}$ D. $\dfrac{1}{2}$ E. $\dfrac{2}{3}$

39.（2012-10）直线$y=kx+b$经过第三象限的概率是$\dfrac{5}{9}$．

(1) $k\in\{-1,0,1\}$，$b\in\{-1,1,2\}$．

(2) $k\in\{-2,-1,2\}$，$b\in\{-1,0,2\}$．

40.（2013-10）如图所示为某市3月1日至14日的空气质量指数趋势图，空气质量指数小于100表示空气质量优良，空气质量指数大于200表示空气重度污染．某人随机选择3月1日至3月13日中的某一天到达该市，并停留2天，则此人停留期间空气质量都是优良的概率为（　　）．

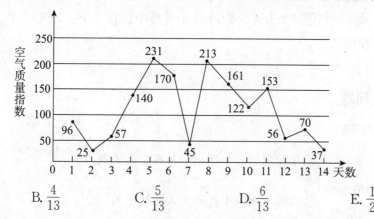

A. $\dfrac{2}{7}$ B. $\dfrac{4}{13}$ C. $\dfrac{5}{13}$ D. $\dfrac{6}{13}$ E. $\dfrac{1}{2}$

41.（2013-10）将一个白木质地正方体的六个表面都涂上红漆，再将它锯成64个小正方体，从中任取3个，其中至少有1个三面是红漆的小正方体的概率是（　　）．

A. 0.665   B. 0.578   C. 0.563   D. 0.482   E. 0.335

42.（2013-10）福彩中心发行彩票的目的是筹措资金资助福利事业．现在福彩中心准备发行一种面值为5元的福利彩票刮刮卡，方案设计如下：(1)该福利彩票的中奖率为50%；(2)每张中奖彩票的中奖奖金有5元和50元两种．假设购买一张彩票获得50元奖金的概率为p，且福彩中心筹得资金不少于发行彩票面值总和的32%，则（　　）．

A. $p\leqslant 0.005$ B. $p\leqslant 0.01$ C. $p\leqslant 0.015$

D. $p\leqslant 0.02$ E. $p\leqslant 0.025$

43. (2014-1)在某项活动中,将3男、3女6名志愿者随机地分到甲、乙、丙三组,每组2人,则每组志愿者都是异性的概率为( ).

  A. $\frac{1}{90}$　　　B. $\frac{1}{15}$　　　C. $\frac{1}{10}$　　　D. $\frac{1}{5}$　　　E. $\frac{2}{5}$

44. (2014-1)已知袋中装有红、黑、白三种颜色的球若干只,则红球最多.

  (1)随机取出的一球是白球的概率为 $\frac{2}{5}$.

  (2)随机取出的两球中至少有一只是黑球的概率小于 $\frac{1}{5}$.

45. (2015-1)信封中装有10张奖券,只有1张有奖,从信封中同时抽取2张奖券,中奖的概率记为 P;从信封中每次抽取1张奖券后放回,如此重复抽取 n 次,中奖的概率记为 Q,则 $P<Q$.

  (1) $n=2$.　　　　　　　　(2) $n=3$.

46. (2020-1)从1至10这10个整数中任取3个数,恰有1个质数的概率是( ).

  A. $\frac{2}{3}$　　　B. $\frac{1}{2}$　　　C. $\frac{5}{12}$　　　D. $\frac{2}{5}$　　　E. $\frac{1}{120}$

47. (2020-1)甲、乙两种品牌的手机共20部,任取2部,恰有1部甲品牌的概率为 p.则 $p>\frac{1}{2}$.

  (1)甲品牌手机不少于8部.

  (2)乙品牌的手机多于7部.

48. (2021-1)某商场利用抽奖方式促销,100个奖券中设有3个一等奖,7个二等奖,则一等奖先于二等奖抽完的概率( ).

  A. 0.3　　　B. 0.5　　　C. 0.6　　　D. 0.7　　　E. 0.73

★ 题型四:分房问题

【点拨】分房问题.

将 n 个人等可能地分到 $N(n \leqslant N)$ 间房中
- ① 某指定的 n 个房间中各有1人的概率为 $\frac{n!}{N^n}$.
- ② 恰有 n 间房中各有1人的概率为 $\frac{C_N^n n!}{N^n}$.
- ③ 某指定房中恰有 $m(m \leqslant n)$ 人的概率为 $\frac{C_n^m (N-1)^{n-m}}{N^n}$.

分房问题本质是放球进箱问题,该类型题标志明显,难度不大,但易出错.在分析该类题目时,要分清谁是"人"、谁是"房",同时要看清楚房间是否可空.另外,需要注意,出现"指定"则不需要通过组合法选取,出现"恰有"则需要组合法选取.

49. (1998-1)有3个人,每人都以相同的概率被分配到4间房的每一间中,某指定房间恰有2人的概率为( ).

  A. $\frac{1}{64}$　　　B. $\frac{3}{64}$　　　C. $\frac{9}{64}$　　　D. $\frac{5}{32}$　　　E. $\frac{3}{16}$

50. (1998-10)将 3 人分配到 4 间房的每一间中,若每人被分配到这 4 间房的每一间房中的概率都相同,则第一、二、三号房中各有 1 人的概率是（   ）.

   A. $\dfrac{3}{4}$ B. $\dfrac{3}{8}$ C. $\dfrac{3}{16}$ D. $\dfrac{3}{32}$ E. $\dfrac{3}{64}$

51. (1999-10)将 3 人以相同的概率分配到 4 间房的每一间中,恰有 3 间房各有 1 人的概率是（   ）.

   A. 0.75   B. 0.375   C. 0.187 5   D. 0.125   E. 0.105

52. (2011-1)将 2 只红球与 1 只白球随机地放入甲、乙、丙三个盒子中,则乙盒中至少有 1 只红球的概率为（   ）.

   A. $\dfrac{1}{8}$ B. $\dfrac{8}{27}$ C. $\dfrac{4}{9}$ D. $\dfrac{5}{9}$ E. $\dfrac{17}{27}$

专题二　相互独立事件与伯努利概型

题型框架

相互独立事件与伯努利概型 { 题型一:事件的独立性　题型二:伯努利独立重复试验 }

真题归类

★ 题型一：事件的独立性

【点拨】该类型题的特点是题目中涉及多个事件之间相互独立,即发生与否相互没有影响.考查重点在于事件概率的计算,求解思路是相互独立事件同时发生的概率＝每个事件发生的概率的乘积.

1. (1998-1)甲、乙两选手进行乒乓球单打比赛,甲选手发球成功后,乙选手回球失误的概率是 0.3,若乙选手回球成功,甲选手回球失误的概率是 0.4,若甲选手回球成功,乙选手再次回球失误的概率是 0.5,试计算这几个回合中,乙选手输掉 1 分的概率是（   ）.

   A. 0.36   B. 0.43   C. 0.49   D. 0.51   E. 0.57

2. (1998-10)甲、乙、丙三人进行定点投篮比赛,已知甲的命中率为 0.9,乙的命中率为 0.8,丙的命中率为 0.7,现每人各投一次.

   (1)三人中至少有两人投进的概率是（   ）.

   A. 0.802   B. 0.812   C. 0.832   D. 0.842   E. 0.902

   (2)三人中至多有两人投进的概率是（   ）.

   A. 0.396   B. 0.416   C. 0.426   D. 0.496   E. 0.506

3. (1999-1) 图中的字母代表元件种类,字母相同但下标不同的为同一类元件,已知 A,B,C,D 各类元件的正常工作概率依次为 p,q,r,s,且各元件的工作是相互独立的,则此系统正常工作的概率为( ).

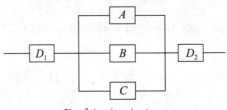

A. $s^2 pqr$
B. $s^2(p+q+r)$
C. $s^2(1-pqr)$
D. $1-(1-pqr)(1-s)^2$
E. $s^2[1-(1-p)(1-q)(1-r)]$

4. (1999-1) 设 A_1, A_2, A_3 为三个独立事件,且 $P(A_k)=p(k=1,2,3)$,其中 $0<p<1$,则这三个事件不全发生的概率是( ).

A. $(1-p)^3$
B. $3(1-p)$
C. $(1-p)^3+3p(1-p)$
D. $3p(1-p)^2+3p^2(1-p)$
E. $3p(1-p)^2$

5. (2000-1) 假设实验室器皿中产生 A 类细菌与 B 类细菌的机会相等,且每个细菌的产生是相互独立的,若某次发现产生了 n 个细菌,则其中至少有一个 A 类细菌的概率是( ).

A. $\frac{1}{2^n}$
B. $1-\frac{1}{2^n}$
C. $\frac{1}{2^{n-1}}$
D. $1-\frac{1}{2^{n-1}}$
E. $1-\frac{1}{n}$

6. (2003-10) 甲、乙、丙依次轮流投掷一枚均匀的硬币,若先投出正面者为胜,则甲、乙、丙获胜的概率分别为( ).

A. $\frac{1}{3},\frac{1}{3},\frac{1}{3}$
B. $\frac{4}{8},\frac{2}{8},\frac{1}{8}$
C. $\frac{4}{8},\frac{3}{8},\frac{1}{8}$
D. $\frac{4}{7},\frac{2}{7},\frac{1}{7}$
E. 以上结论均不正确

7. (2008-1) 若从原点出发的质点 M 向 x 轴的正向移动一个和两个坐标单位的概率分别是 $\frac{2}{3}$ 和 $\frac{1}{3}$,则该质点移动 3 个坐标单位到达 $x=3$ 的概率是( ).

A. $\frac{19}{27}$
B. $\frac{20}{27}$
C. $\frac{7}{9}$
D. $\frac{22}{27}$
E. $\frac{23}{27}$

8. (2010-1) 在一次竞猜活动中设有 5 关,如果连续通过 2 关就算闯关成功,小王通过每关的概率都是 $\frac{1}{2}$,他闯关成功的概率为( ).

A. $\frac{1}{8}$
B. $\frac{1}{4}$
C. $\frac{3}{8}$
D. $\frac{1}{2}$
E. $\frac{19}{32}$

9. (2010-10) 在 10 道备选试题中,甲能答对 8 题,乙能答对 6 题,若某次考试从这 10 道备选题中随机抽出 3 道作为考题,至少答对 2 题才算合格,则甲、乙两人考试都合格的概率是( ).

A. $\dfrac{28}{45}$ B. $\dfrac{2}{3}$ C. $\dfrac{14}{15}$ D. $\dfrac{26}{45}$ E. $\dfrac{8}{15}$

10. (2012-1)经统计,某机场的一个安检口每天中午办理安检手续的乘客人数及相应的概率如表所示:

乘客人数	0~5	6~10	11~15	16~20	21~25	25 以上
概率	0.1	0.2	0.2	0.25	0.2	0.05

该安检口 2 天中至少有 1 天中午办理安检手续的乘客人数超过 15 的概率是( ).

A. 0.2   B. 0.25   C. 0.4   D. 0.5   E. 0.75

11. (2012-1)某产品由两道独立工序加工完成,则该产品是合格品的概率大于 0.8.

(1)每道工序的合格率为 0.81.

(2)每道工序的合格率为 0.9.

12. (2014-1)抛一枚均匀的硬币若干次,当正面向上的次数大于反面向上的次数时停止,则在 4 次之内停止的概率为( ).

A. $\dfrac{1}{8}$ B. $\dfrac{3}{8}$ C. $\dfrac{5}{8}$ D. $\dfrac{3}{16}$ E. $\dfrac{5}{16}$

13. (2015-1)某次网球比赛的四强对阵为甲对乙、丙对丁,两场比赛的胜者将争夺冠军,选手之间相互获胜的概率如下表:

	甲	乙	丙	丁
甲获胜的概率		0.3	0.3	0.8
乙获胜的概率	0.7		0.6	0.3
丙获胜的概率	0.7	0.4		0.5
丁获胜的概率	0.2	0.7	0.5	

甲获得冠军的概率为( ).

A. 0.165   B. 0.245   C. 0.275   D. 0.315   E. 0.330

14. (2017-1)某试卷由 15 道选择题组成,每道题有 4 个选项,只有一项是符合试题要求的.甲有 6 道题是能确定正确选项,有 5 道题能排除 2 个错误选项,有 4 道题能排除 1 个错误选项,若从每道题排除后剩余的选项中选 1 个作为答案,则甲得满分的概率为( ).

A. $\dfrac{1}{2^4} \times \dfrac{1}{3^5}$ B. $\dfrac{1}{2^5} \times \dfrac{1}{3^4}$ C. $\dfrac{1}{2^5} + \dfrac{1}{3^4}$

D. $\dfrac{1}{2^4}\left(\dfrac{3}{4}\right)^5$ E. $\dfrac{1}{2^4} + \left(\dfrac{3}{4}\right)^5$

15. (2018-1)甲、乙两人进行围棋比赛,约定先胜两盘者赢得比赛,已知每盘棋甲获胜的概率是 0.6,乙获胜的概率是 0.4,若乙在第一盘获胜,则甲赢得比赛的概率为( ).

A. 0.144   B. 0.288   C. 0.36   D. 0.4   E. 0.6

16. (2019-1)有甲、乙两袋奖券,获奖率分别为 p 和 q。某人从两袋中各随机抽取1张奖券,则此人获奖的概率不小于 $\frac{3}{4}$.

(1)已知 $p+q=1$.

(2)已知 $pq=\frac{1}{4}$.

17. (2020-1)如图所示,节点 A,B,C,D 两两相连.从一个节点沿线段到另一个节点当作1步.若机器人从节点 A 出发,随机走了3步,则机器人未到达过节点 C 的概率为( ).

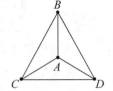

A. $\frac{4}{9}$ B. $\frac{11}{27}$ C. $\frac{10}{27}$

D. $\frac{19}{27}$ E. $\frac{8}{27}$

18. (2021-1)如图所示,由 P 到 Q 的电路中有三个元件,分别标有 T_1,T_2,T_3,电流能通过 T_1,T_2,T_3 的概率分别为 $0.9,0.9,0.99$,假设电流能否通过三个元件相互独立,则电流能在 P,Q 之间通过的概率是( ).

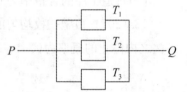

A. 0.801 9 B. 0.998 9 C. 0.999

D. 0.999 9 E. 0.999 99

✱ 题型二:伯努利独立重复试验

【点拨】该类型题的特点是题目中出现多次独立事件,并且每次概率相同,可以直接应用以下公式求解:

(1)直到第 k 次试验,才首次成功的概率为 $(1-p)^{k-1}p(k=1,2,\cdots,n)$;

(2)直到第 n 次,才成功了 k 次的概率为 $C_{n-1}^{k-1}p^k(1-p)^{n-k}$;

(3)n 次试验中至少成功1次的概率为 $1-(1-p)^n$;

(4)n 次试验中至多成功1次的概率为 $(1-p)^n+C_n^1 p(1-p)^{n-1}$,

其中 $p(0<p<1)$ 为试验成功的概率.

19. (1998-10)掷一枚不均匀的硬币,正面朝上的概率为 $\frac{2}{3}$,若将此硬币掷4次,则正面朝上3次的概率是( ).

A. $\frac{8}{81}$ B. $\frac{8}{27}$ C. $\frac{32}{81}$ D. $\frac{1}{2}$ E. $\frac{26}{27}$

20. (1999-1)进行一系列独立的试验,每次试验成功的概率为 p,则在成功2次之前已经失败了3次的概率为( ).

A. $4p^2(1-p)^3$ B. $4p(1-p)^3$ C. $10p^2(1-p)^3$

D. $p^2(1-p)^3$ E. $(1-p)^3$

21. (2000-10)某人将5个环一一投向一木柱,直到有一个套中为止,若每次套中的概率为0.1,则至少剩下一个环未投的概率是(   ).

   A. $1-0.9^4$ B. $1-0.9^3$ C. $1-0.9^5$ D. $1-0.1 \cdot 0.9^4$

22. (2003-1)两只一模一样的铁罐里都装有大量的红球和黑球,其中一罐(取名"甲罐")内的红球数与黑球数之比为2∶1,另一罐(取名为"乙罐")内的黑球数与红球数之比为2∶1,今任取一罐从中取出50只球,查得其中有30只红球和20只黑球,则该罐为"甲罐"的概率是该罐为"乙罐"的概率的(   ).

   A. 154倍   B. 254倍   C. 438倍   D. 798倍   E. 1 024倍

23. (2007-1)一个人的血型为O,A,B,AB型的概率分别为0.46,0.40,0.11,0.03,现任选5人,则至多一人的血型为O型的概率为(   ).

   A. 0.045   B. 0.196   C. 0.201   D. 0.241   E. 0.461

24. (2007-10)若王先生驾车从家到单位必须经过三个有红绿灯的十字路口,则他没有遇到红灯的概率为0.125.

   (1)他在每一个路口遇到红灯的概率都是0.5.
   (2)他在每一个路口遇到红灯的事件相互独立.

25. (2008-1)某乒乓球男子单打决赛在甲、乙两选手间进行比赛,采用7局4胜制.已知每局比赛甲选手战胜乙选手的概率为0.7,则甲选手以4∶1战胜乙选手的概率为(   ).

   A. 0.84×0.7^3 B. 0.7×0.7^3 C. 0.3×0.7^3

   D. 0.9×0.7^3 E. 以上均不对

26. (2008-10)张三以卧姿射击10次,命中靶子7次的概率是$\frac{15}{128}$.

   (1)张三以卧姿打靶的命中率是0.2.
   (2)张三以卧姿打靶的命中率是0.5.

27. (2009-10)命中来犯敌机的概率是99%.

   (1)每枚导弹命中率为0.6.
   (2)至多同时向来犯敌机发射4枚导弹.

28. (2011-10)某种流感在流行,从人群中任意找出3人,其中至少有1人患该种流感的概率为0.271.

   (1)该流感的发病率为0.3.
   (2)该流感的发病率为0.1.

29. (2012-1)在某次考试中,3道题中答对2道即为及格,假设某人答对各题的概率相同,则此人及格的概率是$\frac{20}{27}$.

   (1)答对各题的概率为$\frac{2}{3}$.

(2)3 道题全部答错的概率为 $\frac{1}{27}$.

30.（2013-1）档案馆在一个库房安装了 n 个烟火反应报警器，每个报警器遇到烟火成功报警的概率为 p，该库房遇烟火发出报警的概率达到 0.999.

(1) $n=3, p=0.9$.

(2) $n=2, p=0.97$.

31.（2017-1）某人参加资格考试，有 A 类和 B 类选择，A 类的合格标准是抽 3 道题至少会做 2 道，B 类的合格标准是抽 2 道题需都会做，则此人参加 A 类合格的机会大.

(1) 此人 A 类题有 60% 会做.

(2) 此人 B 类题有 80% 会做.

第十一章　数据描述

真题统计

专题	题型	问题求解题	条件充分性判断题	总计
平均值	平均值的计算与比较	4	4	8
方差和标准差	方差的计算与比较	3	2	5

真题分析

数据描述是近年管理类联考数学的高频考点,历年考题通常考查1道题目,以平均值与方差的计算与比较为主.

该表格按照专题(2个)、考试题型(2种)、考试形式(问题求解和条件充分判断)统计了1月联考和10月在职考试真题.本章以相同题型为前提,以年份为顺序进行统计,共包含问题求解题7道,条件充分性判断题6道,总计13道题.要求考生利用好每一道真题,掌握基本概念、基本题型和基本方法,透过真题厘清命题思路,把握考试方向.

高频题型:平均值与方差的计算与比较.

本章思维导图

数据描述 $\begin{cases} 平均值—题型:平均值的计算与比较 \\ 方差和标准差—题型:方差的计算与比较 \end{cases}$

专题一　平均值

题型框架

平均值—题型:平均值的计算与比较

真题归类

❋ 题型:平均值的计算与比较

【点拨】理解平均值的统计意义,重点掌握平均值的两种简便计算方法(见《MBA MPA MPAcc MEM 管理类联考数学45讲》).

1. (2005-10)某公司二月份产值为36万元,比一月份产值增加了11万元,比三月份产值少了7.2万元,第二季度产值为第一季度产值的1.4倍,则该公司上半年产值的月平均值为(　　)万元.
   A. 40.51　　　B. 41.68　　　C. 48.25　　　D. 50.16　　　E. 52.16

2. (2010-10)某学生在军训时进行打靶测试,共射击10次,他的第6,7,8,9次射击分别射中9.0环、8.4环、8.1环、9.3环,他的前9次射击的平均环数高于前5次的平均环数,若要使前10次射击的平均环数超过8.8环,则他第10次射击至少应该射中(　　)环.(打靶成绩精确到0.1环)
   A. 9.0　　　B. 9.2　　　C. 9.4　　　D. 9.5　　　E. 9.9

3. (2012-1)甲、乙、丙三个地区的公务员参加一次测评,其人数和考分情况如表所示:

地区＼分数＼人数	6	7	8	9
甲	10	10	10	10
乙	15	15	10	20
丙	10	10	15	15

三个地区按平均分由高到低的排名顺序为(　　).
   A. 乙,丙,甲　　　　　　　B. 乙,甲,丙　　　　　　　C. 甲,乙,丙
   D. 丙,甲,乙　　　　　　　E. 丙,乙,甲

4. (2012-1)已知三种水果的平均价格为10元/千克,则每种水果的价格均不超过18元/千克.
   (1)三种水果中价格最低的为6元/千克.
   (2)购买重量分别为1千克、1千克和2千克的三种水果共用了46元.

5. (2018-1)为了解某公司员工的年龄结构,按男、女人数的比例进行了随机抽样,结果如表所示:

男员工年龄/岁	23	26	28	30	32	34	36	38	41
女员工年龄/岁	23	25	27	27	29	31			

根据表中数据估计,该公司男员工的平均年龄与全体员工的平均年龄分别是(　　)(单位:岁).
   A. 32,30　　　B. 32,29.5　　　C. 32,27　　　D. 30,27　　　E. 29.5,27

6. (2019-1)某校理学院五个系每年的录取人数如表所示:

系别	数学系	物理系	化学系	生物系	地学系
录取人数	60	120	90	60	30

今年与去年相比,物理系的录取平均分没变.则理学院的录取平均分升高了.
   (1)数学系的录取平均分升高了3分,生物系的录取平均分降低了2分.
   (2)化学系的录取平均分升高了1分,地学系的录取平均分降低了4分.

7. (2020-1)设 a,b,c 为实数.则能确定 a,b,c 的最大值.

(1)已知 a,b,c 的平均值.
(2)已知 a,b,c 的最小值.

8.(2021-1)某班增加两名同学,该班同学的平均身高增加了.
(1)增加的两名同学的平均身高与原来男同学的平均身高相同.
(2)原来男同学的平均身高大于女同学的平均身高.

专题二 方差和标准差

题型框架

方差和标准差—题型:方差的计算与比较

真题归类

题型:方差的计算与比较

【点拨】理解方差的统计意义,掌握一组数据方差计算的基本方法,同时会用比较极差等简便方法比较两组数据的方差大小.

1.(2014-1)已知 $M=\{a,b,c,d,e\}$ 是一个整数集合,则能确定集合 M.
(1) a,b,c,d,e 的平均值为 10.
(2) a,b,c,d,e 的方差为 2.

2.(2016-1)设有两组数据 $S_1:3,4,5,6,7$ 和 $S_2:4,5,6,7,a$,则能确定 a 的值.
(1) S_1 和 S_2 的均值相等.
(2) S_1 和 S_2 的方差相等.

3.(2017-1)甲、乙、丙三人每轮各投篮 10 次,投了三轮,投中数如表所示:

	第一轮	第二轮	第三轮
甲	2	5	8
乙	5	2	5
丙	8	4	9

记 $\sigma_1,\sigma_2,\sigma_3$ 分别为甲、乙、丙投中数的方差,则(   ).
A. $\sigma_1>\sigma_2>\sigma_3$ B. $\sigma_1>\sigma_3>\sigma_2$ C. $\sigma_2>\sigma_1>\sigma_3$ D. $\sigma_2>\sigma_3>\sigma_1$ E. $\sigma_3>\sigma_2>\sigma_1$

4.(2019-1)10 名同学的语文和数学成绩如表所示:

语文成绩	90	92	94	88	86	95	87	89	91	93
数学成绩	94	88	96	93	90	85	84	80	82	98

语文和数学成绩的均值分别为 E_1 和 E_2，标准差分别为 σ_1 和 σ_2，则（　　）．

A. $E_1>E_2,\sigma_1>\sigma_2$ B. $E_1>E_2,\sigma_1<\sigma_2$ C. $E_1>E_2,\sigma_1=\sigma_2$

D. $E_1<E_2,\sigma_1>\sigma_2$ E. $E_1<E_2,\sigma_1<\sigma_2$

5.（2020-1）某人在同一观众群体中调查了对五部电影的看法，如表所示：

电影	第一部	第二部	第三部	第四部	第五部
好评率	0.25	0.5	0.3	0.8	0.4
差评率	0.75	0.5	0.7	0.2	0.6

据此数据，观众意见分歧最大的前两部电影依次是（　　）．

A. 第一部，第三部　　　　　　　　　　　　B. 第二部，第三部

C. 第二部，第五部　　　　　　　　　　　　D. 第四部，第一部

E. 第四部，第二部